建筑评论

《建筑评论》编辑部 编

16

The
Architectural
Review

U0392645

生活·读书·新知 三联书店

图书在版编目（CIP）数据

建筑评论 . 16 辑 /《建筑评论》编辑部编 . -- 北京：
生活·读书·新知三联书店，2025. 3. -- ISBN 978-7
-108-07934-3

Ⅰ . TU-861

中国国家版本馆 CIP 数据核字第 2024SA9530 号

责任编辑　万　春　刘子瑄
装帧设计　薛　宇
责任校对　曹秋月
责任印制　李思佳
出版发行　**生活·讀書·新知**三联书店
　　　　　（北京市东城区美术馆东街 22 号　100010）
网　　址　www.sdxjpc.com
经　　销　新华书店
印　　刷　河北品睿印刷有限公司
版　　次　2025 年 3 月北京第 1 版
　　　　　2025 年 3 月北京第 1 次印刷
开　　本　880 毫米 × 1230 毫米　1/32　印张 5.5
字　　数　140 千字　图 51 幅
印　　数　0,001 - 3,000 册
定　　价　28.00 元
（印装查询：01064002715；邮购查询：01084010542）

目 录

主编的话

　　自 2012 年 10 月创办《建筑评论》学刊至今已十年有余，在当年的"开篇序言"中，马国馨院士曾说："批评是一种独立的艺术，批评有它独特的价值和品格，更重要的是批评的眼光和胆量。"其实，马院士是在倡导坚持"自由思想，独立精神"的健康评论的业界生态。

　　2012 年 9 月，我在《建筑评论》第一辑的编后语中写道："评论的最高境界是对话，哪怕它讲出的是公认的事实或者是少数的真理。"建筑评论是有传承与创新观的，但它一定不是学者的回忆录，它要在跨界中提升，在比较中互鉴，当下就要围绕城市化的高品质发展、围绕城市建筑的人和事、围绕业界喧嚣的真相与是非，解读建筑与服务社会，以设计创造价值。所以，用理性提升感性，以观念带动设计创作，正是建筑评论的使命。

　　建筑评论要回应的时代之问太多。2023 年 10 月 28 日，在"世界城市日"中国主场活动暨第三届城市可持续发展全球大会上，2023 年版《上海手册》正式发布。这部手册展现了城市更新与韧性活力生长的案例，强调要科学回答城市更新中的重大问题，例如：传承文化不是简单复古，城市更新要创造现代生活，因而须融入现代元素，但同时要保有历史文脉；要坚持以用促保，在弄懂历史建筑、20 世纪遗产的教育意义与使用价值的同时，使其适应当代生活、服务公众，在向史而新的实践中，让建筑遗产有尊严地面向未来；城市是有机生命体，定期体检尤为重要，它是城市更新查找发现"急难愁盼"短板弱项的关键；城市更新需要规划设计，但如何与国土空间总体规划的上位规划相协调至关重要；等等。本辑《建筑评论》主要围绕城市更新的命题，希望对城市文脉与城市社会韧性的提升有所帮助。

新时代的建筑评论应该从中国建筑的创作和理论的历史传统出发，从百年未有之变局的历史语境出发，从中国现当代建筑的历史地位与设计的文化自信出发，因为，只有如此才可唤醒建筑时空的当代回响。需要说明的是，当下中国城市与建筑界，迫切需要建筑评论的学术引领及批评体系的建构，"展览＋论坛＋对话"的形式虽不算新颖，但它确是一种成熟的好形式，因为它确可促进批评与设计创作的双向发展。重要的是，建筑评论应关注批评视角是否崭新及有深度，批评内容的独立性是否存在，批评的话语对行业发展的规律是否把握准确，批评的定位是否与人为善，是否促进行业的市场竞争力，等等。总之，当下的中国建筑评论要为建筑师负责制说话，要有历史责任感地呵护青年建筑师、规划师、工程师闯荡的勇气，更要为中国建筑的国际话语权服务。

金　磊

中国建筑学会建筑评论学术委员会副理事长

《中国建筑文化遗产》《建筑评论》"两刊"总编辑

2025 年 3 月

探索建筑意

——纪念梁思成、林徽因两位先生提出"建筑意"九十一周年

陈谋苇(北京市建筑设计研究院股份有限公司资深建筑师)

1932 年,梁思成、林徽因两位先生在《中国营造学社汇刊》第三卷第四期的文章《平郊建筑杂录》中首次提出了"建筑意"用语。文中写道:

> 北平四郊近二三百年间建筑遗物极多,偶尔郊游,触目都是饶有趣味的古建。……
>
> 这些美的存在,在建筑审美者的眼里,都能引起特异的感觉,在"诗意"和"画意"之外,还使他感到一种"建筑意"的愉快。这也许是个狂妄的说法——但是,什么叫作"建筑意"?我们很可以找出一个比较近理的含义或解释来。
>
> ············
>
> 无论哪一个巍峨的古城楼,或一角倾颓的殿基的灵魂里,无形中都在诉说,乃至于歌唱,时间上漫不可信的变迁;由温雅的儿女佳话,到流血成渠的杀戮。它们所给的"意"的确是"诗"与"画"的。但是建筑师要郑重郑重地声明,那里面还有超出这"诗""画"以外的"意"存在。眼睛在接触人的智力和生活所产生的一个结构,在光影恰恰可人中,和谐的轮廓,披着风露所赐予的层层生动的色彩;潜意识里更有"眼看他起高楼,眼看他楼塌了"的凭吊兴衰的感慨;偶然更发现一片,只要一片,极精致的雕纹,一位不知名匠师的手笔,请

问那时锐感，即不叫他做"建筑意"，我们也得要临时给他制造个同样狂妄的名词，是不？

梁、林两位先生从京郊的古建筑遗迹中，感受到了古代匠人传达的"建筑意"：和谐的轮廓、生动的色彩、迷人的光影、精致的雕纹，以及历史变迁赋予的时空感，这是眼睛在接触人的智力和生活所产生的一个结构后，经过思考而形成的观念。这段诗一般的文字极像林先生的文字风格，是她的文艺天赋在建筑领域的诗意展现；如不妄揣测，这段文字也可能是两位先生灵犀相通的结晶并由林先生执笔写成。史料如是，这个"建筑意"，应是梁、林两位先生共同提出的概念。

此后的半个多世纪中，在国内的建筑理论文献中很少看到对"建筑意"的讨论和诠释。正如吴良镛先生所说："可惜梁先生自提出'建筑意'以后，由于当时的社会情况和学术发展的阶段性，除了在许多文章中不断有所触及外，没有来得及做深入的后续研究，'建筑意'这个词，也就没有流行开来。"

2003 年，萧默主编的《建筑意》丛书出版第一辑，至 2006 年共出版六辑。丛书的卷首语写道："'建筑意'的提出，显然具有非凡的意义。……可以说，在近代中国，梁思成先生是第一位认识到并高度评价建筑精神价值的先哲。"丛书编者认为"建筑意"一词没有流传开来的原因，"更重要的却可能是受到一种强固的传统思维习惯的桎梏：古来文人，一向视匠作为末流，看不到这一匠作成就的'器'之上，还有着形而上之'道'的存在"。不论这个判断是否找到了问题的症结，它都说明事实上建筑业内并未轻视匠作，只是对"建筑意"之道，尚未能很好领悟。《建筑意》六辑丛书，只有少数文章谈到"建筑意"，并把它作为建筑艺术或建筑文化的同义词使用，而没有对"建筑意"这个"道"进行深入的理论探讨。丛书的其他文章，内容偏重建筑艺术的理论和实践，可见当时对"建筑意"的理解还是偏重于建筑艺术领域，还没有如梁、林两位先生所言"找出一个比较近理的含义或解释"。

2006年，学者全峰梅的《模糊的拱门：建筑性的现象学考察》一书出版。书的附论中有篇题为《对"建筑意"命题的思考》的文章，作者节录了梁、林两位先生提出的关于"建筑意"的原文，文章赞成侯幼彬先生采用"建筑意象"和"建筑意境"这两个基本概念对"建筑意"做出的初步阐释。不过，作者又认为"建筑意"是一个自发的命题，这个命题在审美经验上的价值要大于理论构建上的价值，从这个意义上说，命题是审美意识的吉光片羽，因为其表达的美学意味使得人们很容易在美学层面（具体地说是在解"意"上）下功夫，而忽视了这吉光片羽背后蕴含的丰富的哲学意味和价值观念。也就是说，"建筑意"很容易被自身的表象遮蔽起来。所以，作者倾向于使用"建筑性"的概念，认为"建筑性更强调理性，命题本身的理论自觉意识很容易展示出来，从而在一定程度上奠定其理论方向"。不过，作者已经意识到"建筑意"的重要性，并提出"从现象学角度思考'建筑意'，可以对'建筑意'进一步阐幽探微，用海德格尔的话说，是存在真理的显现或去蔽"。这个哲理思考给了理解"建筑意"一个分外重要的启示。

顺着这个思路，我们可以用现象学的方法探索一下"建筑意"的含义和解释。为此，需要先对现象学做一个简要的介绍。

20世纪初，哲学领域派生了以德国哲学家胡塞尔为代表的现象学流派。简单地说，现象学就是专门研究现象的哲学。早在18世纪，德国哲学家康德就明确区分了现象与物自体，他认为现象是人们通过加工感知原料而得到的认知，物自体是指在人们经验之外的事物本身。康德认为，我们没有能力直接理解物自体，而要将直觉转变为现象，才能得到理解与知识。因此，所有的哲学研究，其核心应当是现象，而不是物自体。这不是不可知论，只是拒绝那种毫无理由地认为我们能够知悉那些我们可能并没有能力知悉的事物的观点。

过去，我们习惯于透过现象看本质，现象被认为是表面的、浅层的，甚至是被忽略的，人们熟记前人总结的建筑原理、原则，例如最为人们所熟悉的公元前 1 世纪古罗马工程师维特鲁威在《建筑十书》中提出的建筑三原则。在建筑创作中，力求展现时代精神与民族风格。但大量的建筑工程实践和这些大的指导原则往往相去甚远，有的甚至南辕北辙。近几十年掀起的建设狂潮，虽有大量工程实践，但和理论提升不相关联。

自 20 世纪 50 年代起，建筑的现象学思考极大地影响了当代建筑理论，哲学成为建筑历史批判和文化批判的理论基础。90 年代中后期，建筑现象学一度成为国内建筑理论研究的前沿和热点，为理解和诠释建筑、思考建筑的意义提供了新的视角。各种建筑现象学的书籍相继出版。1990 年5 月，台湾东海大学举办第一届建筑现象学研讨会。2008 年 5 月，中国现象学专业委员会、《时代建筑》杂志和中山大学现象学研究所在苏州共同举办了现象学与建筑研讨会。在会后出版的文集《现象学与建筑的对话》的序言中，郑时龄院士认为，建筑领域的现象学思考极大地影响了当代建筑理论，成为当代建筑理论的首要范式之一，并且奠定了当代崇高美学的基石。建筑理论向哲学领域拓展，哲学成为建筑历史批判和文化批判的理论基础。在当代哲学思想影响下，建筑理论重新审视关于建筑的许多基本问题，但在本次研讨会的发言和论文中，亦未见到对"建筑意"概念的阐述和讨论。

近年出版的由青锋著述的《当代建筑理论》对现象学对建筑理论的影响做了较为详尽的介绍（详见该书第十一章：现象学的影响）。他认为："直到今天，现象学仍是揭开很多理论话语基本原理的哲学密钥。为何现象学理论在建筑界会有如此顽强的生命力？这当然要归因于现象学自身的理论特点：它将存在，尤其是人的哲学存在放在了哲学讨论的中心，而建筑理论不可避免地要与人的本性、人的诉求发生关系，所以在讨论这些问题的时候，现象学就可以提供理论启发。"

现象学关注的重点是"体验"，现象首先是多个器官的感知，体验是多种知觉器官感知的综合，它是一种具体的知觉体验。所以海德格尔认为现象不仅是物质的表象，而且是意识中的表象。

关肇邺先生对清华校园有一针见血的评论：建于 20 世纪二三十年代的老校区，建筑规模都不大，形态朴素而庄重，掩映在绿树青草之间，素雅而幽静；新区是近些年建的，成群的高楼大厦，座座都壮观气派。一位去国外多年的老校友回来看了几天之后说："在老区令人想读书，在新区令人想赚钱。"这位老校友的感受就是"一种具体的知觉体验"。

另一个例子是哲学家陈嘉映对一种较为普遍的现象所做的归纳。他在 2008 年苏州"现象学与建筑"研讨会上说："这些年建设了不少大学新校区，不少新校区更像大衙门，它们使检阅、大会、'朝觐'变得壮观，而不是使那里活动的人们过上学生和学者的生活。""一大批敬老院之类的建筑设施，它们若要体现某种中国元素，大概也要从类似的角度来考虑，并不只是把那里的房舍庭院建成中国式的。"

这才是建筑的本源所在。建筑是为人服务的，维特鲁威总结的建筑的坚固、实用、美观三要素也是为了满足人的需要。康德将人放在了哲学讨论的核心，被称为哥白尼式的革命。把建筑从业者从抽象的时代精神、民族形式的讨论拉回到关注人们在生活中的直接感受和体验，才是建筑理论研究的正确途径。

任何建筑都以空间形式存在，包括建筑本身及建筑周围的环境。空间是建筑的特性。《老子》中所说的"凿户牖以为室，当其无，有室之用。故有之以为利，无之以为用"，一直被认为是对建筑空间的精辟论述。但这样对空间、虚实的理解，还是把空间看成一个恒定的场域。随着对空间研究的不断深入，引入了人对空间的感知。空间感是人对物体进行定位，是人对空间的体验，依赖于感知者的状况。在海德格尔的现象学中，场所精神（Genius Loci）存在于能够容纳体验、能够产生共鸣的空间之中，场所精神是空间体验的产物，也是空间的再创造。

"建筑意"是含义较为宽泛的词，既包含了建筑空间各种形式的体验，也包含了建筑的建构性所关注的建筑的表现性和特征性，甚至包含了跨文化形式和建构的意喻，一切都在"意"的含义之中。梁、林两位先生在京郊古建现场产生的"建筑意"体验，即是不同时空的空间体验，这里既有"眼睛在接触人的智力和生活所产生的一个结构"，光、形、色彩所产生的体验（按吴良镛先生的说法，比诺伯舒兹提出的场所精神早了好几十年），也有对古城楼殿基倾颓衰败的感慨。这种对意象和意境的感慨，可以列入审美范畴。从艺术的角度而言，建筑空间孕育了绘画、雕塑等其他艺术门类，早期著名画家的作品产生于教堂、寺庙的壁画和穹顶画，雕塑和建筑密不可分，因此可以说建筑是艺术之母，或者说建筑是最重要的艺术。"建筑意"这一概念的提出，既包含了建筑的基本特性，又有建筑审美层面的意境，正是基于这些丰富的内涵，梁、林两位先生在文中要"郑重地声明，那里面还有超出这'诗''画'以外的'意'存在"。

笔者在这里提出对"建筑意"的初步理解及探索，以期引起业内对"建筑意"的讨论：

第一，"建筑意"即建筑之意义。这是"建筑意"最直接的表达了。建筑不仅表现为物质性外观，更多还在于其精神内涵。但它又和诗意、画意不同，诗意、画意是作者想要抒发之意，或者作者希望引起观者感动之意，而"建筑意"是设计者希望赋予建筑更为广泛的生活意义、社会意义，包括建筑的艺术性，以及海德格尔所强调的"诗意地栖居"。所谓"诗意地栖居"并不是说要把建筑建得富有诗性，而是说建筑使人的生活富有诗性。梁、林两位先生立意高远，对建筑素有热爱、敬重之意，他们提出"建筑意"之概念非常鲜明地抓住了建筑的精神内核，而不只是外在的形式。

第二，"建筑意"还意味着建筑的场地特性。和诗歌、音乐、绘画不同，建筑有绝对的地域性，不同的场所会有不同的体验，产生不同的建筑含义。梁、林两位先生在京郊古建遗址中感受到的"建筑意"是融入具体环境中的，想必他们也希望建筑能和场地环境结成一体，不把建筑变成脱离环境场地的孤岛。

第三，"建筑意"也意味着建筑的时间维度。在梁、林两位先生这段引出"建筑意"的文字中，提到"时间上漫不可信的变迁"，体现了建筑的时间印记，这是建筑有别于其他艺术品的魅力所在。如果将特定的建筑"锚固"在特定的场所，又加上时间的印记，这个"建筑意"就其味隽永了。

除了以上几条理性的分析，还应注意到两位先生用诗一般的文字来描述"建筑意"的另一层用意，即要用诗一般的情怀来成就建筑才能有诗一般的体验。这种建筑的诗性似乎无法用哲理表达，但恰是"建筑意"的精神内核。

"建筑意"可以看成建筑师的修养和基本功。建筑创作自始至终，从项目规划、概念设计到细部设计，都要融入"建筑意"的内涵，从建筑的地域、场所、环境、时空的特定条件、采用的材料体现建筑的物质性等诸方面做更多的体验与研究。建筑师还需要对项目做代入式体验，分别从使用者、业主、开发商的角度体验项目。建筑师以极大热情在创作中融入的"建筑意"，在项目完成后能够让受众得到同样的体验，才是成功的作品。

人们对"建筑意"也许会有不同的理解。中国书画对"意"的解释也很宽泛，不同悟性有不同理解，有的只可意会不可言传。如果有人对"建筑意"做出玄学色彩的解释，也在情理之中。当然，更为重要的是要真正领悟到梁、林两位先生提出"建筑意"的精髓所在。

流动视野下的城乡更新
——设计院的角色

丁光辉（北京建筑大学副教授）
薛求理（香港城市大学副教授）

　　根据国家统计局的数据，从 1978 年到 2020 年，中国的城镇人口从 1.7 亿增加到 9 亿多，平均每年数千万人从农村迁徙到城镇居住。人类历史上规模最大的城镇化建设改变了中国的城乡面貌，这虽然是一个不均衡的发展过程，但为数亿人创造了就业机会，提供了城市生活模式，改善了居住环境。为了应对人口在城乡之间、城市内部之间、不同城市之间的流动（既有主动的选择，又有被动的无奈），城市规模开始扩大，同时伴随着医院和学校的扩建、文化设施的建立、棚户区的改造以及交通枢纽的打造。新建建筑既是人口流动的归宿，也是承载人口流动的基础设施。这种相对"自由"的流动景观与改革开放之前相对"静态"的社会形成了鲜明的对比。改革开放之前，城乡之间的户籍制度大大限制了人口的迁徙；改革开放以来，中国在融入国际社会的过程中，人口、资本、信息、科技、商品和服务等要素开始逐步流动，由此形成了一个日益充满活力的网络世界。

　　"要素流动"在这里主要是指人口从一个地方水平迁移到另一个地方，同时也包含商品、服务和能源的流动（通），意在解释与城市化有关的各种建设活动。"流动"可以分为两个层面：主动的流动和被动的流动。前者是指人们为了追求更好的生活条件、更高的效率、更可持续性的发展模式而进行的主动选择，在城市化的语境里包括建设新兴城市、连接交通枢纽、发展绿色建筑、提倡装配式建造。后者是指由于社会、自然等原因，人口不得不进行迁移，包括农民非自愿的进城、灾后异地重建以及建设传染病医院等。

这些与城市化进程有关的主动性和被动性流动景观共同构成了一个流动中的社会。大型设计院本身并不是社会流动的决策者，它的主要职责是解决人口流动带来的空间需求，设计更加便捷、高效、包容、绿色的人居环境。本文从要素流动的角度来探讨设计院在应对流动中国建设过程中的社会价值。这些为促进流动而建设的各种项目（如居住区、铁路枢纽和机场、大剧院等）大都是中央和地区政府主导计划的一部分。其建设目的，从经济角度来看，是通过生产空间来促进资本积累和增值，进而提高宏观经济水平；从社会角度来看，是通过改善人居环境，满足人民群众对日常空间的物质需求来促进社会和谐稳定；从文化角度来看，是通过提升文化基础设施来创造多元的交流活动场所。

1. 新农村建设

在中国大规模进行城市扩张的同时，农业用地急剧萎缩，传统村落迅速衰落并快速消失。从中央政府的角度来看，必须严格保护农业用地，特别是基本农田，谨慎推进新城镇建设。但是，地方领导和专业人士希望大力推动省市的经济进步。中国的城市化进程主要是由国家在建筑、基础设施和城市建设方面的债务融资推动的。依靠土地财政模式，地方政府倾向于通过出售农业用地来用于新城镇建设和房地产开发并扩大城市范围，以促进经济增长。土地租赁及投机活动为政府官员和开发商提供了丰厚的机会，然而在许多情况下，这是以牺牲农民和低收入阶层的利益为代价的。

为了解决新城镇建设与耕地保护之间的紧张关系，国土资源部在2008 年鼓励地方政府开垦城乡闲置土地。这项政策导致地方政府向农民施压，迫使他们离开土地并迁往城市。对于地方官员而言，被拆迁的村庄可以变成耕地，而这些新增土地可以置换成面积相同的城市建设用地。尽

图 1 河南滑县锦和新城（2019 年，李刚摄）

管地方政府建立了新的社区，但并非每个人都想离开家园居住在公寓楼中，因为有些人买不起房子或负担不起城市的生活成本，并担心缺乏工作机会。

　　河南省滑县便建立了一个类似的庞大社区。地方政府计划拆除 33 个村庄，并将约 40000 人搬迁到较为集中的规划社区中，这样可以节省 370 多公顷的耕地，用于新型农业和工业生产。由郑州大学综合设计研究院设计的滑县锦和新城，与许多大型社区一样，由别墅、高层公寓、市场、学校、医院、养老院以及其他商业、福利设施组成（见图 1）。相较于偏远农村的居住条件，这个社区提供了便利的城市化生活环境。它值得讨论不是因为它的设计创意，而是因为它的社会意义。尽管地方政府为拆除农民房屋提供了赔偿，但赔偿金远远不足以购买同等大小的新型别墅或公寓。更重要的是，河南、山东和其他省份的地方政府通过采用"胡萝卜加大棒"的方式，迫使农民放弃土地，负债累累地搬到城市。这种自上而下的城市化模式是不可持续的，并且由于其巨大的社会、文化和环境代价而受到广泛批评。

虽然已有 10000 多名农民定居在锦和新城，但由于缺乏持续的投资，第二阶段的工程被推迟了。我们的调查显示，许多新建房屋无人居住，居民将闲置的土地重新用于种植蔬菜、放羊和养猪。曾经被赞誉为省级新型农村社区建设示范项目并受到省领导干部参观访问的锦和新城并不是唯一的例子。据新华社报道，河南省实施了 1300 多个此类项目，造成严重的债务问题，经济损失超过 100 亿美元。

地方政府倾向于委托设计院建设新型农村社区，但是，这种自上而下的城市化模式违背了部分农民的意愿，引起了严重的社会问题。在 21 世纪初，媒体广泛报道并批评了新建农村社区的运动。作为回应，中央政府对强迫农民搬迁的行为实行了限制。近些年来，中央政府提出了"美丽乡村建设"任务，旨在将乡村改造成具有社会、经济、文化和环境可持续发展能力的地方。在政府资金和私人资本的助力下，这场新农村建设活动吸引了大量建筑师、规划师和私人投资者的关注。由于外来资金的流入，以及本地外出务工人员的回流，一些乡村开展了卓有成效的试点建设。

在经济利益和政治议程的驱动下，曾经主攻城市市场的设计机构开始关注这一领域。例如，中国建筑设计研究院建立了乡村建筑设计研究中心，由建筑师苏童负责，致力于乡村复兴，并在甘肃天水和内蒙古鄂尔多斯完成了一些试点项目。然而，乡村建设项目的日常沟通及谈判消耗了建筑师大量的时间和精力，因此对设计机构而言是一项无利可图的业务。因此，该中心必须继续从事有利可图的城市建筑生产，以完成设计院分配的产值任务。乡村建筑设计研究中心的处境表明了在设计院系统内部从事建筑创作的困境。与设计院职业建筑师相比，来自建筑院校的学者型建筑师和独立建筑师在偏远农村建设中更为活跃，他们从中找到机会来创建有意义和较少限制性的建筑项目，而不必顾虑太多的经济成本。

2. 城市更新

在广大农村居民流向城市新建小区的同时，部分旧城居民在城市更新的过程中被"疏解""安置"到偏远郊区。这种资本主导的旧城改造往往导致原住居民流失、旧城"绅士化"。那么，如何在城市更新的过程中构建更具人文关怀的都市生活？

在湖南常德老西门地区的城市更新实践中，中旭建筑设计有限公司理想空间工作室主持建筑师曲雷和何勍把原住居民全部回迁、功能混合、保留场地的历史记忆作为核心原则，重塑了旧城中心地区的都市活力（见图2）。首先，为了让原住居民"就地安置"而不是"异地流动"，建筑师设计了小户型、高密度的塔楼住宅，同时创造丰富的楼层之间、塔楼之间的公共交流空间，弥补了小户型居住单元的不足之处（这种在极限居住模式下塑造高质量公共空间的做法类似于香港地区的居住模式）。紧凑的居住单元和便利舒适的社区公共场所并存，既解决了居住数量的需求，又在高密度的条件下为居民提供了交往空间。其次，建筑师重塑都市活力、提

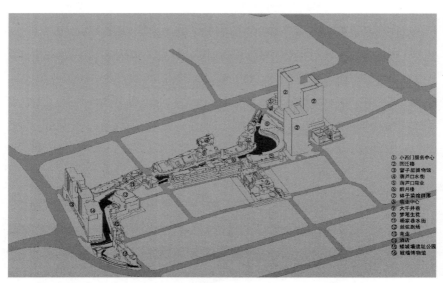

① 小西门服务中心
② 回迁楼
③ 窨子屋博物馆
④ 葫芦口水街
⑤ 酒月巷
⑥ 钵子菜烧群落
⑦ 临街中心
⑧ 大干井巷
⑨ 梦笔生花
⑩ 椰家巷水街
⑪ 丝弦剧场
⑫ 商业
⑬ 酒店
⑭ 螺缝遗址公园
⑮ 螺缝博物馆

图2 湖南常德老西门地区的城市更新功能分布（来源：理想空间工作室）

高地段商业价值的努力体现在滨水开放空间的打造上。尺度适宜的商业街道化解了塔楼住宅的压迫感，广场、廊桥、舞台剧场等设施变成城市客厅必不可少的元素（见图3）。最后，项目保留并更新了常德地区独特的民居类型——窨子屋，通过与民间手工艺人和匠人的合作，建筑师重新阐释了传统建筑的建造方式和空间效果。老西门旧城更新的意义在于既打造了必要的居住"高度"（高层高密度住宅楼），又蕴含了一定的人文"温度"。

　　如果说常德老西门项目是把原住居民千方百计留在原地，避免"流动"，那么同样是在城市更新实践中，一些项目特意强化人员"流动"，以此为设计、运行策略来激发地段的经济和文化活力。近些年来，随着国家对传统文化保护的重视，以及地方政府财力的增长，20世纪90年代以私人地产开发为主导的旧城改造模式（大拆大建）不再受到大力推崇，一

图3 湖南常德老西门地区葫芦口广场及回迁楼（来源：理想空间工作室，张广源摄）

些城市开始试点探索渐进式、针灸式（以点带面）的更新模式，希望通过保护建筑与城市遗产来推动产业升级、增加就业、带动经济可持续性发展。例如，由清控人居遗产研究院张杰团队主持设计的江西景德镇陶溪川文创园（陶瓷博物馆和美术馆）及周边街区活化项目就是一个典型代表。设计团队把濒临拆除的陶瓷生产车间保留下来，通过结构置换、功能活化、旧材新用，还原工业遗产的魅力面貌。与此同时，在地方政府的支持下，设计团队和业主方还大力引入文创产业，吸引全国各地的文艺青年（"景漂"）前来旅游、学习、创业、生活。设计师在整个街区的改造中以一种节制的手法，重新恢复历史建筑的空间氛围和材料美学。良好的设计仅仅是旧城更新的环节之一，能否带来长期可持续性的改变还要靠后期的运营。在设计—投资—建造—运营模式下，新植入的功能带来了人群流量，提高了陶溪川的人气和知名度；业主方在实践中探索适宜的运营模式，策划品牌输出，形成了动态的人员、观念、品牌和服务流动，带动地方经济发展和文化繁荣。

3. 结语

设计院是应对社会流动、实现城乡更新的重要力量，为"美丽中国"建设提供物质空间支持。从 20 世纪 70 年代中美两国开始外交接触以来，一度封闭的中国社会开始转向开放，无论是内部流动还是与外界互动的频率，均逐年增加（以广交会为代表）。这种趋势通过改革开放政策得以制度化，到今天，一个充满流动活力的社会已经成为新的常态。可以说，全国各地的城市化运动一方面为人员、商品、资金和服务提供了流通的舞台，另一方面也加速了这些生产要素的内部流动。在城市化过程中，无论是新区扩张、城市聚集、交通枢纽打造，还是城市公租房和新农村建设、灾后异地安置、建设抗疫医院、推广绿色建筑、疏解首都功能，均可以看到设计院的身影，它们为应对社会流动带来的挑战，发挥了不可替代的社会作用。

参考文献

[1] 这段时期的水泥消耗量大概可以说明问题。根据美国地质调查局（USGS）的统计，中国在 2011 年至 2013 年间使用的混凝土量约为 66 亿吨，比整个 20 世纪美国使用的混凝土量 45 亿吨还要多。2016 年，全球造了 128 座超过 200 米高的建筑物，其中 11 座位于中国深圳，数量之多超过了整个美国。截至 2020 年，全球最高的 20 座建筑，13 座在中国。Bill Gates. Have You Hugged a Concrete Pillar Today？[EB/OL]. Gatesnotes: The Blog of Bill Gates, https://www.gatesnotes.com/Books/Making-the-Modern-World. 2014-06-12; Vaclav Smil. Making the Modern World: Materials and Dematerialization[M]. John Wiley & Sons, Ltd., 2014.

[2][英] 汤姆·米勒. 中国十亿城民：人类历史上最大规模人口流动背后的故事 [M]. 李雪顺译. 厦门：鹭江出版社，2014.

[3] 土地财政模式是指地方政府严重依赖土地出让金来补偿财政收入（因税收收入难以满足预算需求），常常牺牲了城郊、农村地区农民的利益，同时限制了城市居住土地供应，从而推高商品房房价。Heran Zheng, Xin Wang, and Shixiong Cao. The Land Finance Model Jeopardizes China's Sustainable Development[J]. Habitat International, 2014（44）: 130‑136。

[4]Ian Johnson. China's Great Uprooting: Moving 250 Million into Cities[EB/OL]. The New York Times, http://www.nytimes.com/2013/06/16/world/asia/chinas-great-uprooting-moving-250-million-into-cities.html?pagewanted=all. 2013-06-15; 李敏."赶农民上楼"荒唐在何处 [EB/OL]. 腾讯新闻，http://view.news.qq.com/original/intouchtoday/n3290.html. 2016-09-22.

[5] 秦亚洲，刘金辉. 直接损失 600 多亿元，"惠农工程"成烂尾——河南部分新型农村社区建设调查 [EB/OL]. 新华社，http://news.xinhuanet.com/politics/2016/12/29/c_1120215918.htm. 2016-12-29.

[6] 苏童，郭泾杉，王珊珊. 专访苏童：乡建是一种信仰 [J]. 小城镇建设，2017(3):32-36.

[7] 崔愷，曲雷，何勍."城市"与"生活"共生："常德老西门综合片区改造设计"对谈 [J]. 建筑学报，2016(9): 4-9.

[8] 胡建新，张杰，张冰冰. 传统手工业城市文化复兴策略和技术实践——景德镇"陶溪川"工业遗产展示区博物馆、美术馆保护与更新设计 [J]. 建筑学报，2018(5):26-27; 陶溪川文化创意园区 [J]. 建筑创作，2018(3):26-69.

从共生理念看新旧城区协调发展

陈　霹（北京建筑大学建筑与城市规划学院教授）
黄文哲（北京建筑大学建筑与城市规划学院硕士研究生）

　　城市是一个兼具多种功能的人类生活共同体，它在给我们提供各种生活便利的同时，自身也会产生各种问题，比如人与人之间、人与自然之间的矛盾和冲突，尤其是历史与现实的反差和碰撞，如果处理不当，往往引发各种不和谐，带来一些城市病。因此，创造城市中新与旧的和谐共生是建设我们美好家园的一个重要的目标。

1. 城市建筑中的新旧共生

　　"共生"（symbiosis）这一概念最早出现在生物学中，由德国生物学家德贝里（Anton de Bary）于 1897 年首先提出，其定义为"生活在一起的不同种属"；后经科勒瑞（Caullery）、斯科特（Scott）、刘威斯（Lewils）等生物学家的深入研究和拓展，明确提出"共生"是指"两种或两种以上的生物种属在特定生存环境的竞争中，所形成的一种互利共生、相互协调的发展关系"。20 世纪五六十年代以后，由于共生理论的开放性和包容性，其概念逐渐渗透到社会的各个领域，成为一种方法论，得到广泛的接受。

　　在建筑与城市规划领域，"共生思想"由日本新陈代谢派建筑师黑川纪章于 1987 年在其著作《共生思想》（该书修改版名为《新共生思想》，1996 年出版）中提出。黑川纪章结合了佛教哲学与生物界的"共生"概念，对其设计思想进行了总结和升华，提出了回归自然、重视整体、强调本土文化特征的规划建筑新思想，其基本内容包括"异质文化的共生、人类与技术的共生、内部与外部的共生、部分与整体的共生、历史与未来的共生、理性与感性的共生、宗教与科学的共生、人类与自然的共生"。黑川纪章对共生的内涵进行了解释，提出："共生是在包括对立与矛盾在内的竞争和紧张的关系中，建立起来的一种富有创造性的关系；共生是在相互对立的同时，又相互给予必要的理解和肯定的关系；共生不是片面的不可能而是可以创造新的可能性的关系；共生是相互尊重个性和圣域，并扩展相互共通领域的关系；共生是在给予、被给予这一生命系统中存在着的东西。"其中"圣域论"和"中间领域论"是"共生思想"形成中创立的两个重要概念。

黑川纪章的共生思想试图打破西方的"国际主义"或"理性主义"，以时间、地点、形式、意识等一切可能存在的要素为对象，通过调和彼此之间的矛盾以达到共生的状态，它涵盖了社会生活的各个领域。共生思想是流动、自由且轻快的，与西方理性主义非黑即白的二元论截然相反，其包容性主要体现在承认事物是整体的、动态变化的、开放且多元的，除因地制宜外，还讲求因时制宜。黑川纪章也曾引用佛教《金刚经》的偈子来阐述他的共生观点，突破了西方建筑界倡导的绝对二元论观点。然而，他的共生思想在理论上仍显得过于抽象，尽管他做了很多建筑设计上的尝试，但完全理解并接受的人并不是很多。

2. 我国城市更新的历史阶段

我国对于城市建设中共生理论的讨论主要集中在近 20 年，这是城市发展到现阶段自然而然激发起来的人们对于城市的思考。

我国的城市更新主要经历了以下四个阶段：一是新中国成立后至改革开放前，在"变消费城市为工业城市"的大背景下，城市更新以对棚户区、旧城区的改造为主，目的是还清基本生活设施的历史欠账，解决职工基本的住房问题。二是改革开放后至20世纪80年代末，由于城市人口的急剧膨胀，这一阶段的城市更新意在改善城市居民的居住现状，补偿多年来对基础设施建设的亏欠，使城市建设更加系统与科学。三是20世纪90年代至2011年，我国进入高强度城市建设阶段。伴随着土地统一管理和土地出让制度的确立，城市建设以房地产开发和商业活动为主导，推动了大规模的旧城改造，但由于开发强度过高，没有把握好经济增长与环境、社会利益之间的平衡，导致环境恶化、交通拥堵、城市基础设施超负荷、社会网络断裂等诸多问题凸显。这一时期的城市更新涉及居住区改造、老工业基地改造、历史街区整治及城中村整治等多种类型。四是2012年至今，城市发展由"高速"进入"中高速"阶段。这一时期以人为本的"存量"规划成为城市规划的新常态，文化遗产保护意识逐渐增强，尽管保护与发展的矛盾力量仍然在持续博弈，但保护工作越来越受重视。随着相关法规文件相继出台，保护体系逐渐成熟起来。

当前，我国城市正处于注重城市整体集约化发展的阶段，要求城市各要素合理配置，长远谋划，为居民创造舒适宜人的居住环境。在此阶段应妥善处理好保护与发展、历史与现代、建筑与环境的关系，做到静态保护与动态保护并重，特殊遗产与一般遗产并重，单体遗产与历史环境并重。在遵循遗产保护基本原则的基础上，更好地处理城市更新和遗产保护的关系，达到和谐共生的目的。

在本体层面，根据范围层级的大小，可以分为旧城、街区与建筑三个共生发展的层次：旧城保护与城市发展之间存在共生关系，应在其中找到共同点，构建共生的城市空间结构，以"跳出旧城建设新城"理念作为处理保护与发展的有效途径，旧城应确立"整体保护"的原则，新城应创建"多中心"的格局；历史街区作为城市中的特殊组团，本身就构成了相对完整的社区，经历了不同历史阶段，展示了原有的历史格局和风貌特点，它的共生表现在环境空间与旧街区的协调，以及原有文化形态的相对独立与延续上；从建筑遗产单体来看，坚持"整体开放、动态包容"的共生设计观，对其更新设计是一种"基于保护的有节制的再创造"，构建了建筑共生的设计策略。

目前，共生理论所倡导的动态、整体、多元的视角已经融入城市更新与文化遗产保护工作中，并在研究深度和广度上都有一定探索。这里我们着重讨论一下范围较大的城市建设中新城与旧城共生的话题。

3. 我国城市新、旧城区的共生

在城市膨胀的初始阶段，如果将新、旧二者混合在一起，那么日后势必长时间纠结于新、旧之间如何协调，对二者都会产生相互掣肘的不利影响。如果将新区重新择址开辟，轻装上阵，那么新、旧之间保持相对独立性，在发展的过程中兼顾协调，二者之间的不利干扰就会大大减少，从而实现共同发展的目的，这才是真正成就新、旧城区实质意义的和谐共生。在我国城市发展的历史中，如何使新、旧城区和谐共生一直是一个重要的关注点。

在近代城市中一直存在着新、旧城区并行发展的实例，如济南市商埠区开设时就避开了老省城的区域，避免相互之间的干扰。商埠区的开设是晚清时期的政府行为，胶济铁路开通之后，为了防止德国势力的渗透而主动开商埠。开埠后，济南凭借其省会地位、铁路和河运优势，吸引了大批中外商家发展工商业，对当时的区域经济发展发挥了重要的作用。

上海的租界是清朝政府和列强签订不平等条约的产物，上海的租界和老城厢是形态和内容完全不同的区域，在后来的发展过程中也呈现出形态迥异的特征。19世纪40年代之后，租界从外商集中的居留地演变为列强对我国进行侵略、掠夺的基地。同时，大量西方侨民迁入租界，给当时落后的中国社会带来了煤气、自来水、电灯、电话、电报等现代生活设施和城市公共卫生管理、城市基础设施建设及城市管理等制度，大大推动了租界所在城市的现代化发展，使其与周边其他城市拉大了距离。十里洋场的摩天大楼与狭窄的里弄小巷已形成云泥之别。

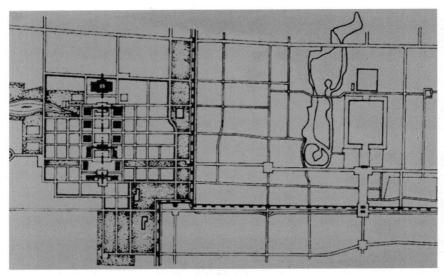

图 4 "梁陈方案"中北京新行政中心与旧城的关系

  新中国城市共生思想的体现可以追溯到 1950 年首都北京规划设计的"梁陈方案"。这一方案借鉴了大伦敦规划的"有机疏散理论",提出了"古今兼顾,新旧两利"的规划原则,提议整体考虑旧城的保护与新城区的建设,将行政中心设置在城市西部,规划了更大的新城拓展空间。如果方案得以实施,北京将无须再纠结于旧城拆和保的问题,大规模的拆迁得以避免,人口密度将大大降低,交通负担将大大减轻,城市社会结构及文化生态将得以自然延续。尽管该方案最终没被采纳,但事实证明了方案的很多科学性理念,"梁陈方案"是北京旧城与新城和谐共生思想的一次具体的体现(见图 4)。

  20 世纪 90 年代,根据当时的城市总体规划,青岛市增加东部、西部两个组团,实现了城市空间的跨越式发展,东部成为新的政治、经济、文化中心。东部新区面积有 100 多平方公里,自然环境优越,有效地实现了旧城人流、信息流向新城区的过渡。这一举措将行政中心特有的政治集中能力转化为经济融合能力,成为青岛经济快速发展的显著标志。但是青岛城市的主体部分始终在城市区域的南部，长期以来形成的马太效应，拉大了青岛市南、北发展势差，而且还带来了东、西地段的差距。青岛将城市的行政、经济和文化的主要功能全都投放在东部地区，长远看来使得该区域有限的土地资源捉襟见肘，这有违其后提出的环胶州湾发展战略，此外最明显的负面后果是此次决绝的东移加速了旧城区的衰败。

到 21 世纪，上海又经历了不同的城市发展阶段。2001 年 1 月，上海市政府印发了《关于上海市促进城镇发展的试点意见》，明确上海"十五"期间重点发展"一城九镇"，计划在上海周边各区建设特色小镇，一共有九座，故此得名，后又改为三城六镇。

从环境打造及风格特点上来看，新镇的建设让人耳目一新，在优秀建筑师及事务所的参与之后，新镇成为上海近郊新的城市亮点。但是实施过程中并没有达到原有的建设目的，由于生活配套设施没有跟上，原本希望到此定居的年轻人没有享受到方便的生活，而本地居民又因为房价过高望而却步。新镇入住率不足使得疏解城市人口的规划初衷没有落地。这说明了市民生活上的和谐是衡量城市新、旧共生成败的一个重要因素。

4. 新、旧城区共生发展思考

上述这些实例情况各不相同，它们在城市新、旧城区共生的理念上提出了不同的现实问题。首先，在城市规划扩容的情况下另辟新区是值得肯定的规划思路，因为它主要避免了对旧城结构肌理的破坏，减少了很多日后发展可能会引起的矛盾和干扰，包括遗产保护这一在当今社会比较复杂的问题。其次，另辟新城并不是一个简单的概念，在具体落实的时候必须要经过谨慎周密的思考，包括规划选址、经济成本、城市设施等诸多方面应进行反复论证，尽量避免在大规模建设之后才发现问题，造成不可逆的损失。最后，无论怎样的发展考虑，最终规划的实施都将落在生活在城市中的"人"的身上，居民的亲身感受是评判城市和谐发展的重要指标，而便捷的生活、舒适的环境和亲切的交往是作为人的社会属性的直接体现。

共生理论作为一种来自生物学科的方法论，揭示了世间万物之间如同生物体般的共生关系，并引导人们采取动态、整体、多元的视角看待问题，避免陷入形而上学的泥淖。在历史城市新区发展的实践中，共生理论也能够为城市和谐发展提供新的视角。

参考文献

[1] [日] 黑川纪章 . 新共生思想 [M]. 覃力译 . 北京：中国建筑工业出版社， 2009.

[2] 阳建强，陈月 .1949—2019 年中国城市更新的发展与回顾 [J]. 城市规划，2020，44(2).

诸多建筑评论形式下的城市更新议题

韩林飞（建筑学博士、城市经济学博士，北京交通大学建筑与艺术学院教授、莫斯科建筑学院教授、米兰理工大学客座教授）

　　圆桌会议、沙龙讨论、学术论坛等是学术界包括建筑学术界特别好的几种交流方式。圆桌会议源自英国传说中亚瑟王与骑士围绕圆桌开会的习俗；沙龙则源于法国 16 世纪贵族思想交流、友人交际的日常生活；forum（论坛）一词最早就是古罗马广场公共集会场所的意思，是辩论研讨意义的延伸。自古以来，这类学术活动的一个最大特点就是不同思想与观点的激烈碰撞。正是在这种冲突中逐渐产生出清晰的观点，促进人类认知的发展。可以说，正是科学与理性的思辨以及逻辑严密的推理促生了理论思想的产生。给我印象深刻的是 2003 年"非典"期间，我滞留在荷兰鹿特丹，在大都会建筑事务所（OMA）工作时参加的一次关于城市更新的研讨会。

　　研讨会上，一位文化学者大谈欧洲文化传统，甚至鼓吹复古主义建筑、重建假古建的各种优点，鼓吹在城市更新中应恢复传统的建筑形式；代尔夫特理工大学的罗斯曼（Roseman）教授对此予以严肃的批驳。论坛上唇枪舌剑，互不相让，但讨论仍在理性与思辨的规范中各讲各的道理。罗斯曼教授话语坚定而又不失学者风范，他说："当然要尊重传统文化，但是它的价值观念、思维模式、情感模式和行为模式必须与中世纪、封建君主专制时代的完全不同，它必须与当代的政治、经济、文化相适合、相匹配。如果仅仅认为传统文化就是建筑的手法、技巧、多种多样的形式，并试图将它们恢复或重建，这是根本行不通的，是与当代的发展相矛盾的。继承传统的呼吁就是在召唤亡灵，这是传统文化中最可怕的惰性。尼采对着中世纪的传统喊了一声'上帝死了'！"

当时，罗斯曼教授真切的话语、严密的逻辑与论证给我留下了深刻的印象。有道是：人塑造了环境，环境又反过来塑造了人。可以想象，一个在因循守旧的城市与建筑环境中成长的青少年，和一个在充满创造力、想象力的物质空间环境中成长的青少年，其精神面貌肯定会有极大的不同。著名城市规划家伊利尔·沙里宁（Eliel Saarinen）曾说过："城市就是一本打开的书，从中可以看到人们的理想与抱负。"为了展现我们的理想与抱负，我们在城市更新中应思考传统与创新的问题。

城市更新是一种将城市中已经不适应现代化社会生活的地区做必要的、有计划的改建活动。1952 年 5 月，在荷兰召开的第一次城市更新研讨会上，对城市更新（urban renewal）活动做出了明确的说明：生活在城市中的人，对于自己所居住的建筑物、周围的环境或出行、购物、娱乐及其他生活活动有各种不同的期望或不满及实施改善的诉求，以形成舒适的生活环境和美丽的市容，包括所有这些内容的城市建设活动都是城市更新。

在城市更新中，不可避免地会遇到两个方面的问题，一个是旧城区和文物建筑的保护，另一个是新建筑的风格问题，而脱离了旧城区的新建筑与旧城区中的新建筑的风格问题尤为引人关注。关于文物建筑的保护，"二战"后欧洲各国都已形成了一套完整的科学体系，对文物建筑的概念、保护方法、技术手段等都有明确的定义。如《威尼斯宪章》认为：历史文物建筑的概念，不仅包括个别的建筑作品，而且包含能够见证某种文明、某种有意义的发展或某个历史事件的城市或乡村环境，不仅适用于伟大的艺术品，也适用于由于时光流逝而获得文化意义的过去一些比较普通的作品；保护一座文物建筑，意味着要适当保护一种环境，任何地方，凡传统的环境还存在，就必须保护；一座文物建筑不可以从它所见证的历史和从它所产生的环境中分离出来；必须利用一切科学技术手段来保护和修复文物建筑；保护文物建筑，务必要使它传之长久；允许为社会公益而使用文物建筑。欧洲人在 200 多年工作经验的总结与实践中确定的文物建筑和历史性城市保护的基本理论及原则，严谨合理，具有较强的科学价值。

给我留下深刻印象的是意大利古城马泰拉（Matera），三次访问马泰拉的经历使我不仅对这座古城，而且对意大利的城市更新、文物建筑的保护实践，以及在世界文物建筑保护学术体系中，意大利学派的翘楚地位有了深刻的认识。马泰拉位于意大利南部的巴西利卡塔地区（见图 5），其历史可追溯到旧石器时代，被誉为"石头之城"。其最著名也是最具特色的就是保存完好的穴居人类遗址，其老城区的萨西（Sassi）还被认为是意大利最早的人类定居点之一。"二战"后，由于人口、交通、经济等方面的问题，这里聚集了大量极端贫困的人口，住宅条件尤为恶劣，被视作意大利最为贫穷落后的地区，甚至还有人称其为"意大利的耻辱""鬼城"。20 世纪 50 年代，意大利政府将生活在岩洞中的居民整体搬迁出来，重新安排到新城区，利用新城的建设将老城区完整地保存下来，其长远的眼光、战略性的城市更新方案使这座古城在 1993 年被列入联合国教科文组织世界文化遗产名录中，其石窟民居、石头教堂与花园成为文化遗产而被全面保护。马泰拉于 2019 年被选为欧洲文化之都，它是继佛罗伦萨（1986 年）、博洛尼亚（2000年）、热那亚（2004年）之后第四个获此殊荣的意大利城市。

图 5 意大利南部城市马泰拉

2016 年，我到马泰拉参加欧洲文化之都圆桌会议时，市长拉法埃洛·德·鲁杰里（Raffaello De Ruggieri）就曾自豪地说："2019 年申请欧洲文化之都对于马泰拉而言，不仅是一个目标，更是一份成就、一份自豪，因为它是世界上最古老的持续聚居地之一。"马泰拉一直在努力开创新的历史，也一直在设法克服危机和困难。20 世纪 50 年代，新的城市区的建设是马泰拉古城得以保存至今非常重要的城市更新的方法。在这个过程中，重要的是一种胸怀，这种胸怀可以使身临其境的人们感受到马泰拉独特的大环境，感受到那种不屈不挠、坚定不移的精神。新城区的建设使古城完好地保留下来，如今的文化认识、发展水平可以使古城摆脱荒凉状态，重新拥有它的尊严感、自豪感和归属感，这也体现了人类古迹保护与城市更新的一种社会责任感。城市更新的长远计划完整地保护了马泰拉古城，待到时机成熟的今天使它的价值得以完全体现。马泰拉古城虽然是一个已经成为历史的地理空间，但它就像现存的地质资料一般，呈现着古老的城市聚居的空间状态，是一种城市对自然的非凡的诠释。历史遗产能够成为城市发展和增长的关键，这种城市更新的远见与胸怀，特别是坚持不懈、不为眼前利益所动的精神，终于使马泰拉摆脱耻辱，重新获得尊严和新的历史使命感。

由此可见，城市更新需要的是一种长远的计划、宽广的胸怀与前瞻的视野，关键是不可操之过急，有时候先抑后扬也不失是一个取胜的策略。仅顾眼前利益而忽视长远利益，终会带来不可挽回的损失。对城市建筑遗产价值的判断是一个重要的眼光问题，梁思成先生和陈占祥先生合作的关于北京的保护与发展的战略规划，对北京价值的整体判断，至今仍是我们学习研究的重要内容。

在城市更新的过程中，不可避免地要建设新建筑，用现代的材料、现代的建造技术，满足今天的功能需求。对于历史城区城市更新中的新建筑而言，风格问题尤为重要，试图用新技术新材料造假古建与历史风貌相协同的做法已被大多数建筑师所扬弃，甚至不齿。但在城市更新中，让新建筑与古建筑有点"形似"或"神似"的做法更为有害。其一，这种做法不能与现代世界文明潮流相一致，无法屹立于世界文明之林；其二，这种做法对历史街区和文物建筑的保护也是无益的。国际公认的文物建筑保护纲领性文件《威尼斯宪章》中规定，在有必要扩建文物建筑时，应当使扩建、加建的部分具有当代的风格，决不可仿古，其目的是防止混淆历史，防止文物建筑及历史环境失去历史的真实性，在城市更新中更应注意这些问题。在城市更新中邻近文物建筑和旧城区之间的比例、色彩、体量，应在对比之中取得和谐与一致。

要知道，世界上没有哪一个国家的哪一座城市是以仿古建筑作为自己的标志的，最有巴黎特色的是埃菲尔铁塔，最有悉尼特色的是悉尼歌剧院，最具纽约特征的是世界贸易中心、帝国大厦等高层建筑，这些都是典型的现代建筑；最具莫斯科特色的是克里姆林宫，最具伦敦特色的是圣保罗大教堂，最具罗马特色的是大斗兽场，在今天看来，它们都是真正的古建筑，但在建造时，它们都是崭新而独特的现代建筑。2004 年巴黎的一次讲座中，一位建筑师在课件中就举出了巴黎历史上在城市更新中一些后现代主义建筑，模仿古典细节、矫揉造作，其夸张的尺度、戏谑的风情令人作呕，我至今仍有深刻的记忆。

老北京已经有故宫、天坛、北海，还有壮丽的中轴线，新北京的特色建筑是哪些呢？国家大剧院、鸟巢、水立方？显然不是。央视大楼？更不是！现代北京的特色建筑有待进一步创造，这个过程也许是一个相当长的历史时期，因为要让一个民族的建筑立于世界文明之林，需要眼界，需要胸怀，需要有历史观、价值观、世界观、未来观的一代又一代建筑师，任重而道远！

谈到建筑师的培养，那么，关于如何培养具有历史与未来视野的建筑师，2018 年我在辛辛那提大学访学时，校园环境、教学设施、场所空间及参加的多次学术探讨与交流给我带来了一定的启发。辛辛那提大学位于美国中西部的俄亥俄州，是美国建校最早的大学之一，在校学生

图 6 阿罗诺夫设计与艺术中心（辛辛那提大学艺术、设计、规划与建筑学院）

4500 名，被福布斯评为"世界最美十大校园之一"。20 世纪 70 年代才转为俄亥俄州的州立大学。借提升为州立大学的契机，当时的校长卓有远见地提出"通过新型的教学建筑群来振兴学校"。校长在情绪激昂的演讲中说："我们的学校环境不能创造出适合科研教学的环境，如何能吸引一流的师资队伍？我们的学校环境不能提供最佳的学习运动环境，如何吸引一流的学生？我们的学校环境没有最具吸引力的建筑，如何吸引州政府的拨款和赞助者的慷慨解囊？"按照校长和校董们的振兴计划，学校邀请了多位处于创作高峰期的著名建筑师参与了教学楼的设计和校园的规划，如艺术、设计、规划与建筑学院（DAAP）就是由号称解构主义大师的彼得·埃森曼（Peter Eisenman）设计的（见图 6）；音乐学院是由贝聿铭设计的；大学生活动与体育中心是由普利兹克奖（Pritzker Prize）获得者汤姆·梅恩（Thom Mayne）设计的（见图 7）；工程学院是由

图 7 辛辛那提大学大学生活动与体育中心

图 8 辛辛那提大学工程学院

图 9 辛辛那提大学分子研究中心

后现代建筑师 M. 格雷夫斯（Michael Graves）设计的（见图 8）；大学的分子研究中心是由 F. 盖里（Frank Garey）设计的（见图 9）。校园的总体规划历时十年，历经三稿，最终由哈格里夫斯事务所完成。校园规划不仅顺应了时代发展的需要，同时在校园中创造了城市生活的便利，营造了校园的吸引力与凝聚力，使学生获得更多与他人交往的机会。艺术、设计、规划与建筑学院，更是强调多种创造性专业的融合，培养学生的领导能力、协同能力、灵活性、团队合作能力，提高学生的综合素质。学校为学生提供长达一年的带薪实习机会，理论结合实践。辛辛那提大学注重培养世界顶尖人才，非常注重培养学生的创造力和独立思考的能力，后现代主义建筑设计的奠基人 M. 格雷夫斯就是该校建筑系的毕业生。该校的规划者和大学的决策者认为，学校建筑的高密度布局是一个优势，学校的学生中心、体育馆和娱乐设施都处于 150 码（约 137 米）的步行行径的范围内。利用这种高密度空间的优势，在校园总体规划中，突出营造了一条新的"主

街"（Main Street）
（见图10），以创造一
种欧洲街道连续公共空
间的效果，使各个年龄
阶层的学生与教师在所
有可能的时间内都愿意
停留在校园。"主街"
从古老的麦克米肯大厅
（Mcmicken hall）起始，

图10 辛辛那提大学校园规划

向东北方向延伸，全长700英尺（约210米），并向南拓宽了60英尺（约
18米），最终延伸到校园绿地（Campus Green）。"主街"的空间密
度和城市化的特点是美国其他大学所不能比拟的，它创造了宿营般的感
觉，亲切而又自然，非常便于师生交流。校园的公共空间与场所舒适宜人，
适于聚会、漫谈，使得追求个人和集体的目标成为可能；校园环境如同
沙龙似的优雅，适合接触、感受他人及其思想。这样的校园和各式各样
的教学建筑匠心独具，非常重要的一点是它提供了思想观念的交流与融
合的空间，在历史建筑与现代创造的共生中体现了创新的价值观，充满
了对未来的积极与乐观。可以想象，这里的学生充满活力，充满奋进的
希望，环境与建筑空间成为塑造人、培养接班人的良好场所。在这样的
环境中培养的建筑师一定会对未来具有自我判断。

　　健康的城市与校园环境对于未来的建筑师非常重要，健康的建筑评论
与学术环境对于建筑师及其所从事的城市更新工作更是重要。建筑评论中
的不同声音和不同角度的观点可以为城市更新、建筑设计工作开拓更多的
思路，是一种多方论证的科学方式。而被批评者或评论的对象要心胸宽广、
大度豁达，要有思辨的精神，可以从不同角度甚至反方向看问题。对于批
评家或者评论者来说，更需要高超的水平、睿智的思考，评论时应客观真
实、讲求逻辑推理，大胆假设，严谨论证，以理服人。当然，有时批评家

尖锐的话语可能仅仅是为了增加话语的分量，如果被批评者能够理解这份真切，体会批评者的激情——这是一种喷薄奔腾的炙热激情和激情裹挟着理性冲突而发出的振奋人心的力量，而这种激情与力量正是批评者存在的真正原因——也许就会更客观地看待批评者的意见了。这就需要一个成熟健康的建筑评论环境。生动活泼、多元的探索性讨论环境非常重要，学术评论针对的就是：某些人试图在文学、艺术、哲学甚至科学等各个领域里，建立绝对权威的正宗理论，殊不知这是一种妄想，世界上永远也不存在绝对的真理。学术评论与批评就是为了杜绝这种绝对真理、"一边倒"的现象；此外，学术批评和评论还可以起到一定的及时纠偏的作用，任何人不可能不走弯路，及时纠偏非常重要。靠什么呢？靠的就是评论者或批评家及时的提醒，甚至是尖锐的呼吁。

建筑评论也是建筑设计、城市设计、城市更新等活动的自律机制之一，其实现方式有多种，如圆桌会议、沙龙讨论、学术论坛、杂志报纸的评论专栏、电视节目等等。建筑评论可以以建筑作品为对象，也可以以建筑师、设计师、理论家为对象。建筑评论的核心基础是价值论和创作论，建筑评论具有两种桥梁和联系作用：一是理论思辨联系实践，二是联系社会民众与建筑作品及城市创作。它既是面对建筑师、城市设计师的专业思考，也是面向社会大众，培养公众"建筑与城市"意识的重要纽带。建筑评论的标准应该是全面的，既要反对唯美主义的城市与建筑艺术评论，又要反对纯功利主义的市场价值论，更要带动大家（包括专业人士与民众）一起反对庸俗的社会怪象。时代气息和进取创新的精神是建筑评论的灵魂，因此只有建立完善的建筑、城市创作活动的自我调节机制，我们的城市与建筑创造活动才具有永续的动力。

圆桌会议、沙龙讨论、学术论坛、报刊专栏、电视节目等都已成为建筑评论的课堂与教育、实践的重要方式，成为推广城市与建筑文化创新的重要手段。只有创造健康的评论环境，建筑评论才能真正促进城市更新，促进建筑创作活动的健康发展。

从增量开发到存量开发
—— 开发区成为城市工业用地更新的主战场

石　峰（青岛理工大学建筑与城乡规划学院副教授）
王　宁（青岛市城市规划设计研究院高级工程师）

近十年来，我国东部地区的大城市已经从增量开发转向存量开发，恰逢开发区经过二三十年的开发也进入了再开发的阶段，开发区再开发逐渐成为存量开发的重要组成部分。

1. 城市从增量开发转向存量开发

2010 年后，全国城镇土地面积增长速度总体呈逐渐放缓趋势，年度增幅由 4.7% 下降至 2014 年的 3.7%，这意味着城市土地开发需要转向存量开发。根据国土资源部的数据，2009—2014 年，城镇土地利用增长向中西部地区偏移；东部地区的增幅约为中部或西部的一半；全国城市土地面积增幅为 17.7%，低于建制镇增幅 9.1 个百分点。从土地增量的实际情况来看，东部地区比中西部地区有更大的压力需要进行存量开发，城市比镇有更大的压力。

近几年来，我国很多城市的开发建设受到国家土地政策变化的影响，东部地区大城市的新增建设用地指标逐渐收紧，城市有压力和动力从增量开发逐渐转向存量开发。2014 年，中央要求东部三大城市群发展要以盘活土地存量为主，今后将逐步调减东部地区新增建设用地供应，除生活用地外，原则上不再安排人口 500 万以上特大城市新增建设用地。按照新的城市规模划分标准，城区常住人口 500 万—1000 万的特大城市有 10 个，超过 1000 万的超大城市有 7 个，政策促使这些城市必须迅速转向存量开发。此后，上海、北京、深圳等城市纷纷在新一轮总体规划中提出建设用地"零增长""负增长""增量与存量并行""双减量"等转向存量开发的目标。三大城市群的其他城市也面临严重的土地压力问题，供地主要来源从新增建设用地转向盘活利用存量用地，存量开发成为各地主要发展模式。以江苏省为例，2014 年至 2016 年间，全省土地供应总量中存量用地占比依次为 28.2%、47.7%、49.0%，很多城市都已经以存量开发为主，如无锡的存量用地占比连续多年超过 50%，昆山则在 2015 年提出建设用地规模"零增长"的目标。

存量开发是国家对城市建设用地控制收紧、城市应对土地资源压力的必然出路。城市工业用地更新是存量开发的重要组成部分，很多城市的再开发政策都将工业用地作为主要的存量用地来源。开发区往往集中了城市中最大规模、最大比例的工业用地，对于城市存量开发具有至关重要的作用。

2. 开发区从开发到再开发

（1）中国开发区的产生与发展

1978 年，中国开始实行"对内改革、对外开放"的国家政策，逐步形成了"经济特区—沿海开放城市—开发区—内地"的梯度开放格局，开发区是梯度发展战略的重要一环。

开发区是将经济特区经验推广到东南沿海地区的产物。1979 年，国家在深圳、珠海、厦门、汕头试办出口特区。1984 年，邓小平视察特区。后提出："可以考虑再开放几个港口城市，如大连、青岛。这些地方不叫特区，但可以实行特区的某些政策。"同年，中国开放 14 个沿海城市并建立 15 个经济技术开发区，1991 年和 1992 年先后批准并建立了 51 个国家高新区。

开发区也是学习借鉴国外产业园区的产物。科学园区产生的背景是发达国家的科技产业发展浪潮、生产加工向科技研发转型升级，出口加工区产生的背景是生产资本向成本更低的国家和地区转移，发展中国家和地区吸引国际资本、发展出口加工。20世纪80年代以后，世界各国纷纷效仿，中国参照出口加工区建立了经济技术开发区（经开区），参照科学园区建立了高新技术产业开发区（高新区）。

中国开发区发展经历了三个阶段：初创期1984—1992年，快速发展期1992—2003年，清理整顿和稳定期2003年之后。经过两轮全国性的"开发区热"，2003年各类开发区数量达到6866个，规划面积3.86万平方公里，超过了当时全国所有城市建成区的面积总和。2003年，中国开始清理开发区，至2006年，国、省两级各类开发区减至1568个，规划面积压缩至9949平方公里。

开发区是工业化、城市化的重要载体，为经济发展、引进外资和技术、发展市场经济做出了巨大贡献。国家级经开区和高新区的园区生产总值合计占全国比重超过1/5。有些高新区工业增加值已占所在城市总量的40%以上；联想、华为等已成为国内外知名的高新技术企业；全国高新技术产业产值50%左右是由高新区贡献的。

中国开发区的本质是特殊政策区。横向来看，开发区实行与城市其他地区不同的特殊开放和优惠政策；纵向来看，开发区实行与计划经济时期不同的特殊经济政策。特区是"技术的窗口、管理的窗口、知识的窗口和对外政策的窗口"，是中国城市在局部空间上与世界接轨的窗口；第一批开发区是小特区，是在计划经济底图上的更接近市场经济的小"圈"。经济特区、开发区是在原有的计划经济体制中突围的制度试验，是"社会主义也可以搞市场经济"的实践。制度试验不断尝试对市场减少管制、对企业松绑、对外开放，然后将成功经验扩大推广。从特区到沿海开放城市再到开发区，从沿海到内地，在空间维度上不断扩大改革开放。

（2）开发区转型是开发区自身发展和国家战略的双重需要

开发区的政策环境、发展环境已经改变，如今社会主义市场经济已经建立，政策普惠、全面开放，开发区已经失去了以往的优势和基础。我国许多开发区"特殊政策区"的属性正在逐渐淡化，纯粹生产集聚的功能也已成为"过去时"。开发区30多年的快速发展也积累了很多问题：片面追求速度、同质化竞争、政府主导过多、软环境不足等。开发区内在的发展需求呼唤开发区转型发展，产业功能的升级以及适应新型产业需求的空间改造势在必行。

全球经济和产业格局正在发生深刻变化，我国经济发展进入新常态。面对新形势，必须进一步发挥开发区作为改革开放排头兵的作用，形成新的集聚效应和增长动力，引领经济结构优化调整和发展方式转变。为进一步发挥开发区作为改革试验田的作用，国务院连续推出多个文件，提出开发区要加快转型。国家需要开发区落实创新驱动发展战略，促进科技创新、制度创新，吸引集聚创新资源，提高创新服务水平；支持开发区内企业技术中心建设，鼓励开发区加快发展众创空间、大学科技园、科技企业孵化器等创业服务平台。《中国制造2025》将"创新驱动"放在基本方针的首位，通过"三步走"实现制造强国的战略目标。开发区的转型升级、创新发展对于贯彻落实《中国制造2025》尤为关键，将会在掌握关键核心技术、完善产业链条、形成自主发展能力等方面发挥重要作用。

（3）开发区到了再开发的新阶段

开发区经过30多年的发展建设已形成规模巨大的建成区，但也暴露出低层次、外延式发展和粗放开发留下的问题，如开发强度过低、土地利用效益低、建设标准低；很多开发区早期以低标准招商，导致企业规模小、投资小却占据了最好的区位，造成最早开发建设的片区现在面临土地闲置率高、低效使用、低产出运营等问题。随着城市空间的扩张，原来位于城市边缘的开发区的区位发生变化，开始承担更多的综合功能。

开发区亟须进行科学合理的再开发，将一些区位条件好、土地价值高的工业用地转变用途，提高开发强度、土地利用效益、建设标准。开发区再开发还具备许多其他城市空间再开发无法比拟的独特优势，如面积大、用地再开发潜力大；制约因素相对较少，诱发矛盾概率较低；土地经济效益相对较高；土地产权清晰，便于依市场机制规范开发；位置特殊，对优化城市结构尤为重要；等等。

开发区再开发是开发区发展的新阶段，是开发区转型发展的空间基础，是城市功能提升、空间重构、产业升级、保持核心竞争力的重要途径。国内许多开发区特别是珠三角、长三角地区的开发区已经开始了积极地再开发探索，颁布政策、编制相关规划并开展再开发实践。

3. 开发区再开发成为存量开发的重要组成部分

城市从增量开发转向存量开发，恰逢开发区进入再开发阶段，开发区再开发逐渐成为工业用地更新的主要部分和存量开发的重要组成部分。多年以来，市区工业用地"退城入园"与开发区大规模、粗放式的增量开发是同一过程，市区工业用地与开发区工业用地存量此消彼长，城市工业用地更新将以开发区再开发为主也是必然趋势。

经历过两轮开发区热潮，开发区工业用地存量巨大。清理开发区之后，大量工业用地以共享名称、分区分园、降低等级的方式继续存在，导致十几年来开发区的数量再度增加，面积再度扩张。按照《中国开发区审核公告目录》（2018年版），全国有国、省级开发区2543家。很多开发区的面积已经远超2006年公告审核面积。例如，天津经济技术开发区核准面积33平方公里，仅东区就达到核准面积，此外还有西区、中区、南港工业区等9个园区，规划面积408平方公里。可以估计全国各类开发区规划面积远大于2006年公告核准面积。

开发区工业用地总量大于市区的零散工业用地和老工业区。东部地区，一些城市的市区工厂建设年代久远，20世纪90年代就开始搬迁改造。在经历了多年的旧城改造、"退二进三"、"退城入园"之后，市区零散工业和老工业区的工业用地已经消化了大部分。例如，2007年南京市分布在开发区的工业用地占全市工业用地的80%左右，而2011年南京加快主城区域工业生产企业"退城入园"，主城区工业用地存量已经远远小于开发区，相应地，工业用地更新的主战场也转移到开发区。

开发区作为改革开放后的新产业空间只有三四十年的历史，近些年才进入再开发阶段，而制造业向中西部地区和其他国家转移，也将使东部地区开发区出现更多需要再开发的存量工业用地。城市新增建设用地指标调控日趋严格，东部省、市越来越需要转向存量开发。开发区工业用地基数大、占比多，且适宜和需要再开发的存量工业用地在逐渐增多，因此，开发区再开发将会逐渐成为存量开发的重要组成部分。

4. 结语

开发区曾经是增量开发的主战场，今后将逐渐成为城市工业用地更新的主战场，开发区再开发将在中国城市化进程的当前阶段发挥巨大作用。我国城市存量开发实践已经逐步展开，开发区再开发也出现了一些现实问题，如一些再开发项目中企业擅自改变土地用途、后期用途监管困难、限制条件削弱企业积极性、相关规划迅速失效、市政设施建设滞后等。各地方政府、园区、企业的实践迫切需要相关研究提供指导和参考。

参考文献

[1] 王兴平. 中国城市新产业空间——发展机制与空间组织 [M]. 北京：科学出版社，2005.

[2] 郑国. 开发区发展与城市空间重构 [M]. 北京：中国建筑工业出版社，2010.

[3] 王兴平，袁新国，朱凯. 开发区再开发路径研究——以南京高新区为例 [J]. 现代城市研究，2011(5):6–12.

[4] 何世茂. 南京工业产业发展与空间布局对策 [J]. 现代城市研究，2009（1）：59.

[5] 阳建强编著. 西欧城市更新 [M]. 南京：东南大学出版社，2012.

[6] 刘伯英，冯钟平. 城市工业用地更新与工业遗产保护 [M]. 北京：中国建筑工业出版社，2009.

厂城共生
——工业遗产活化的历史、现实和未来 ※

孙　淼（同济大学建筑与城市规划学院）

城市更新时代，工业遗产活化的使命在于实现厂城共生，推动城市的可持续发展，这一过程中的系统性和包容性特征值得探究。本文通过梳理厂城共生的历史脉络，讨论了产业、人口和空间的历时性演变。基于工业遗产的价值实现视角，厘清厂城共生的意义和模式。展望数字时代工业遗产的"双空间活化"模式，提出创新发展的潜在方向。

1. 厂城共生：工业遗产活化的时代使命

工业遗产，是人类社会中承载工业文化价值的物质和非物质对象的统称，反映了当代城市从工业阶段向后工业阶段转型过程中的历史变迁和文明积淀。《下塔吉尔宪章》指出，工业遗产是工业文明的遗存，包括建筑，机械，车间，工厂，选矿和冶炼的矿场、矿区，货栈仓库，能源生产、输送和利用的场所，运输及基础设施，以及与工业相关的社会活动场所等。[1]因此，工业遗产的本质并非孤立的建筑，而是系统性的场所。在城市更新时代，系统性视角有助于我们更好地认知、保护、利用和管理城市中的工业遗产。

城市更新是用一种综合的、整体的观念和行为来解决各类城市问题，

※ 本文为中国博士后科学基金面上项目（2020M681388），上海市"超级博士后"资助项目（2020412）的阶段性研究成果.

对在经济、社会、物质环境等各方面处于变化中的城市地区做出长远且持续的改善和提高。[2] 因此，工业遗产活化不仅是为了保护和利用遗产本体，更是为了应对城市可持续发展中的包容性问题，包括改善经济结构、建立地方认同和优化物质空间环境等目标，并为工业遗产自身的保护提供动能。这一包容性视角，反映了后工业时代工厂和城市之间所形成的一种紧密互利的关系，通过互相释放正外部效应实现彼此的系统性转型和包容性增长，即实现厂城共生。因此，从系统性和包容性视角出发，讨论厂城共生的历史、现实和未来，具有重要意义。

2. 厂城共生的历史：产业、人口和空间的历时性演变

技术革新推动了产业转型，进而引发了人口流动和空间变迁，造就了不同时代的厂城共生（见图 11）。18 世纪中期的英格兰是厂城共生的全球起点。蒸汽动力织机让燃煤代替水能，使得棉纺织业不再依赖农村地区的河流，转而向城市集聚，从而打破手工作坊和城市二元对立的空间格局，在 19 世纪初的大西洋两岸催生出诺丁汉、洛厄尔等工业城镇，吹响了厂城共生的时代号角。

数千万农民涌入城市，成为工人，聚集在生存条件恶劣的工坊周边，这直接导致了 19 世纪上半叶的疾病大流行和社会大革命，迫使统治阶级允许城市向郊区扩张。新出现的法朗吉等工业乌托邦，将生活设施建设在工厂周边，形成功能齐备的城市单元。19 世纪下半叶，电力的发明加快了通勤火车和电车的普及，加速了人口流动，使得在大城市边缘开拓大型

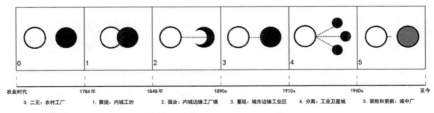

图 11 西方厂城关系的历史演进脉络（来源：参考文献 [3]）

装备制造中心成为可能，如芝加哥的普尔曼镇。这一模式在20世纪初发展成为工业卫星城，基于产业链的汽车和电气等产业空间集聚趋势更加明显，如柏林的西门子城。工业的规模化、集聚化和郊区化，以及功能分区规划的实施，最终导致了长达半个世纪的厂城分离。

厂城分离终归是短暂的，新的危机，催生新的共生。随着全球产业链从大西洋沿岸转移至遥远的东亚，西方城市中心区呈现出产业、功能和人口的空心化，出现了大批闲置的"城中厂"，这成为20世纪70年代回归城市运动的重要空间载体，工业遗产的价值也逐渐得到认可。最初将其作为不动产开发的一种类型，20世纪90年代以后逐渐发展出工业旅游和文创产业等新模式，如德国鲁尔区和纽约苏荷区，工业遗产价值实现的路径得到极大的丰富，厂城共生也被赋予可持续发展的新内涵，吸引创意阶层、发展创意产业、打造创意城市，并承载了社会正义和地方认同等包容性发展目标。

我国的厂城关系因地而异。以工业起步较早的长三角地区为例，由于水网丰沛，人力富足，苏杭等地在明朝中后期即出现手工作坊，混杂于民居中，是为厂城共生的雏形。鸦片战争后，上海发展成为近代中国工业中心，带动了南通、无锡和苏州等地棉纺缫丝产业的蓬勃发展，厂房同民房在空间上多呈犬牙交错分布。这种无序发展一直持续到民国初期，民族工业大繁荣催生了新的厂城关系。由于全面引入西方规划和建造技术，以及人口流动加速，一批更新、更大、更复杂的滨水工业聚落形成了，如上海杨浦滨江、常州戚墅堰等地的工业聚落，这些工业聚落生产生活分离，体现了功能分区理念。

新中国成立初期的30年，我国呈现出快速工业化、城市工业化、工业国有化和重工业化四大趋势。[3] 在长三角地区，一是在郊区新建了工业卫星城，发展大型装备制造业，如杭州拱墅区和上海彭浦镇；二是于城内重组既有工业，延续传统轻纺生产优势，如苏州阊门和嘉兴甪里街。在"单位制度"引导下，生产、生活和办公等功能高度集聚。直至20世纪90年代，随着"退城入园"政策的落地，长三角地区短暂出现了厂城分离，但旋即在"退二进三"中进入厂城共生的新阶段。而在我国东北和中西部地区，厂城共生仍多以工业生产为纽带。因此，厂城共生的动因是产业，推力是人口，呈现形式是空间。理解上述逻辑，对认知厂城共生的活化现状，展望活化未来，以及厘清工业遗产在其中扮演的角色，具有重要意义。

3. 厂城共生的现实：意义和模式
（1）厂城共生的意义，取决于工业遗产的价值实现目标
工业遗产的经济、社会、历史和技术等价值的实现，最终是为了推动城市的可持续发展。这不仅需要促进社会包容性，保持地方特色，还需致力于避免资源浪费和遗产不可逆破坏，具体包括以下4个方面：

① 资源的循环利用。工业遗产建筑、场地和基础设施的循环利用，能有效减少资源浪费。我国工业遗产形成的高峰期是在新中国成立初期，这些遗产目前尚未进入其生命周期的晚期。通过循环利用，不仅可以减少能源消耗、建筑垃圾和碳排放，为碳达峰碳中和的国家战略做出贡献，亦能利用工业建筑空间的适用性，在办公、会展、商业和居住等城市功能之间实现快速转换。

② 锚定地方性要素。工业遗产是周边居民的共同利益所在和身份认同载体，是基于历史经验、生活方式和文化信仰等内涵构建起来的地方精神内核。活化工业遗产，不仅可以重新唤起社区记忆，形成地方归属感和认同感，还能够通过促进经济和就业的增长，激发居民的自豪感和场所依恋性。因此，保护工业遗产的真实性和完整性，发掘工业遗产的文化性和特殊性，能够有效锚定社会网络和工业文化精神等地方性要素。

③ 缝合城市断裂带。产业结构转型引发了区域空间结构的碎片化。这一现象在我国尤为突出，高耸的围墙和破败的环境，将工业遗产同城市分隔开。因此，用文脉主义的方式去织补厂城空间系统，包括开放厂城边界，对接厂城路网，塑造特色公共空间，实现城市的多样性、混合性、历

史性和步行友好性，推动厂城之间的经济系统、社会系统和生态系统的进一步缝合。

④ 激活城市发展动能。活化工业遗产，最终在于激发新的生命力，使之呈现出持续、渐进的发展特征，比如形成发展范式、营造公共环境、强化投资信心、提升街道活力等。由于兼具文化价值和经济价值，工业遗产的活化能够加快文化资本向经济资本的转换[4]，从而对不动产价值和服务业税收形成文化加持，并进一步提升消费能级和旅游收入等。

（2）厂城共生模式，依托工业遗产的价值实现路径

我国东部地区面临工业迁出和服务业导入的需求，而中西部地区亟待引入高新技术以升级本地工业，抑或发展旅游业或特色农业。工业遗产的价值正在于催化上述转型效率。由此可以总结出 3 种共生模式：

① 文创产业模式。工业遗产高大通透的空间和相对低廉的租金，可以成为艺术、设计和媒体等文化创意产业的载体，从工业美学中获取灵感，吸引创意产业入驻。文创产业模式适用于经济发达的后工业地区，能够为城市可持续发展提供动能，形成新的文化生产和消费模式，创造新的就业，塑造新的城市文化品牌。相关案例最早可追溯到 20 世纪末由登琨艳改造的上海杜月笙仓库，以及稍晚出现的北京 798、无锡北仓门等创意园区。

② 工业旅游模式。工业遗产的宏大空间和斑驳外墙，高耸的烟囱和水塔，以及底蕴深厚的人文故事和技术创新，能够引发市民的好奇心。通过博物馆、遗址公园或教育基地等形式[5]，吸引游客前往。工业旅游模式适用范围广泛，是提升城市活力、加快产业转型的重要方式，如中山岐江公园、上海玻璃博物馆、青海中国原子城等。工业旅游不仅能同红色旅游、人文旅游和国防军事旅游相结合，也有助于同步发展商业娱乐等关联业态。

③ 不动产开发模式。工业遗产优越的区位和偏低的土地使用成本，赋予其不动产洼地的经济价值，可以开发为精品店、餐饮或 Loft 住宅，为市民提供"艺术化的生活方式"。[6] 不动产开发模式在大中城市较为常见，可以优化城市的功能空间格局。一种是植入商办功能，但不改变建筑

结构形态，如常州"国光 1937"；另一种是局部保留、局部拆除并新建用于居住或商办，如无锡"运河外滩"。亦有被改造成长租公寓的工业遗产，成为新移民和年轻社群的聚居地，这在上海和深圳中心城区较为常见。

此外，引入高新技术升级既有工业，同地方特色农业或手工业相结合、数字赋能文旅产业融合等新的工业遗产价值实现路径，在我国业已出现，未来将催生出新的厂城共生模式。

4.厂城共生的未来：数字时代的"双空间活化"

我国正快速迈入数字时代，数字经济将为工业遗产活化提供新的方向。基于现实空间和虚拟空间的互动，工业遗产的价值实现将突破时空约束，在认知、保护、利用和管理等多个维度实现创新，进而提升城市可持续发展的系统性和包容性，推动数字时代的厂城共生。

具体而言，工业遗产的数字化转型将形成现实和虚拟两个孪生形态，以及线上和线下两条活化渠道。通过虚拟空间对现实空间的映射，我们可以建立线上平台，植入数字文创和在线旅游等内容，吸引线上流量，实现虚拟遗产的活化，拓展工业文化影响力的深度和广度；这种文化影响力进而吸引更多线下流量，创新现实遗产的活化形式，即现实和虚拟互动的"双空间活化"模式。从系统性和包容性视角出发，这可能为厂城共生带来 3 个潜在的发展方向：

① 催生新的经济形式。通过虚拟现实技术和交互技术等，打造基于工业遗产的数字博物馆、沉浸式地图以及历史场景的数字化再现等，从而推动工业文旅产业融合。同时，借助社交媒体和在线创作平台，构建文化品牌，开发文创产品，加快工业遗产作为文化资本的经济转化，通过新的产业实现经济和就业规模的增长，促进经济层面的厂城共生。

② 加强地方身份认同。对工业遗产的建筑、设备及相关的图片、文字、影像和音频等各类历史信息加以数字转化，搭建工业遗产知识库。在此过程中，引入市民参与建设、管理和使用，一方面可以丰富工业文化内涵，

另一方面能够为社区传承工业文化记忆，创新工业文化形式，加深工业文化认知，建立依托工业遗产价值的社会文化网络，促进社会层面的厂城共生。

③ 提高空间利用效率。经济增长和身份认同的增强，不仅有利于进一步普及工业博物馆、工业遗址公园和文创办公等传统空间利用方式，也催生出研习基地、都市农场、旅游综合体等新利用方式，以及数字博物馆、元宇宙等新利用形式（见图 12）。通过让市民在线参与决策的方式，在空间利用的可能性方面也可以获取更多思路。此外，将经济、人流、交通、天气等方面的大数据同工业遗产对接，亦有助于实现遗产空间的智慧化管理，从而促进空间层面的厂城共生。

厂城共生，在可预见的未来将依然是城市更新中的重要议题。通过工业遗产活化促进厂城共生，以推动城市的可持续发展，在经济增长、社会认同和空间高效利用层面肩负起时代赋予的使命，实现历史积淀的价值。在数字中国，我们有理由期待，依托工业遗产活化形成更多元、更

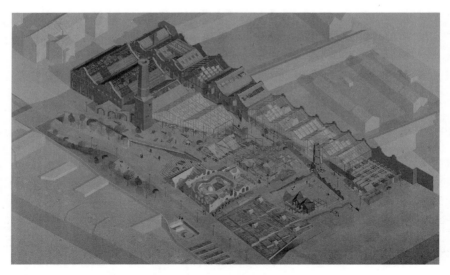

图 12 纽卡斯尔大学团队设计的工业遗产元宇宙场景（来源：参考文献 [7]）

系统、更包容的厂城共生模式。

参考文献

[1] The International Committee for the Conservation of the Industrial Heritage. The Nizhny Tagil Chapter [S]. Nizhny Tagil: TICCIH, 2003.

[2] Roberts, P., Sykes, H. Urban Regeneration: A Handbook [M]. London: Thousand Oaks, Calif: 2000.

[3] 孙淼. 厂城共生：长三角地区"城中厂"的社区化更新 [M]. 上海：同济大学出版社，2022.

[4] 徐苏斌编著. 中国城市近现代工业遗产保护体系研究 [M]. 北京：中国城市出版社，2020.

[5] 吕建昌. 中西部地区工业遗产旅游开发的思考：以三线工业遗产为例 [J]. 贵州社会科学，2021 (04)：153–160.

[6] Zukin, S. Loft Living: Cultural and Capital in Urban Change[M]. Baltimore: The Johns Hopkins University Press, 1982.

[7] Honey, N., Thackeray R. RIBA Award for Sustainable Design: Reclaiming Playtime [R/OL].http://www.presidentsmedals.com/Entry-56461.[2021-12-07]/[2022-03-08]

基于清代地图解读巴蜀盐业聚落空间演变的研究

赵　逵（华中科技大学建筑与城市规划学院教授、博士生导师）
方婉婷（中南建筑设计院股份有限公司建筑师）

清代井盐业发展繁盛，不仅是巴蜀地区盐业聚落形成的决定性因素，更是对聚落发展和格局演变过程起着不可替代的作用，而这个过程被古人记录在了历史地图中。本文以一系列清代历史地图为研究范本，从城乡规划学的角度，分析盐业聚落的形成、扩张到最后成形的演变规律，并以实地调研结果阐述了聚落现状，通过古今地图对比来展现现代城镇的历史变迁与更新过程。

1. 巴蜀盐业聚落与清代地图

巴蜀地区的井盐生产有着悠久的历史，最早见于文字记载的距今已有两千多年，而井盐业对于川渝地区的聚落形成有着举足轻重的作用，从因盐泉而聚众到贩盐成邑，经历了以下几个阶段。

第一阶段：自食期与人类的聚集。原始社会早期，人类以动物为主要食物来源，体内所需的盐可以从动物身上获得，而一旦离开丛林，改食植物，盐就得不到补充。生存的本能促使人们去寻找盐泉，并开始向河谷、平川地带迁徙。四川盆地东部大量的考古挖掘，充分证实了早期人类曾在盐泉裸露地表处大量聚集。这是一个十分漫长的过程，经过了几十万年，人类完成了食物和住地的转变。

第二阶段：交换期与集镇的出现。当人类学会用泥土烧制陶器后，便开始用陶器煮盐，这时从采集卤水到烧煮成盐，已不再是本能驱使，而是有目的的行为。用陶器煮制的盐，因石膏等杂质没有除去，呈锅巴状，故巴蜀地区将盐称为"盐巴"。在没有度量衡的时代，一块盐巴就是一个计量单位，既好计量，又便于携带，还不腐烂，是具有货币职能的理想中介物，于是有了物质交换。人们为了能够换回更多的东西，就需要千方百计地改进生产技术、扩大生产能力、增加盐巴产量，这样发展的趋势，使一部分人从农业中分离出来，成为制盐专业户，盐业逐渐向商品化、专业化、规模化过渡。就这样盐业作坊大量出现，迅速带动了当地经济的发展，并在盐产地附近开始形成一些小型商业集镇。

第三阶段：产业期与城镇的发展。中国早期城市一般规模较小，职能较单一，基本上以政治职能为主，并且城市之间的联系不多，城址迁移频繁。但在秦汉实行盐铁专卖制之后，盐业成为国家的支柱产业，一直延续至清代；产盐之地则成为当时的经济聚集中心，特别是在没有机械和热动力的时代。李榕在《自流井记》中记载清咸同年间的富荣盐场："担水之夫约有万，盐船之夫，其数倍于担水之夫。担盐之夫又倍之。盐匠、山匠、灶头，操此三艺者约有万。以巨金业盐者数百家。"一个年产 1000 吨以上规模的盐场，可以形成容纳 5000—10000 工人的产盐聚落，其他相关产业的配套工人更是不计其数。

巴蜀井盐业的发展几乎伴随着整个古代中国的历史进程，并且一直平稳，少有间断，因此这些盐业聚落的历史都较为久远；并且由于地处深山，很少经历大的战乱破坏，一般都呈现较强的地域特色和丰厚的文化积存，是值得研究的历史村落样本，而这些村落的历史痕迹也被古人刻在了一些清代地图上。

（1）《四川全图》

全称《清初四川通省山川形胜全图》，是清乾隆初年用兵金川时，为军事目的而作的地图，由著名画家董邦达领衔绘制。该地图极具文物价值、艺术价值和历史价值。全图 150 幅，一一展示四川各地的地理、地貌、军事要塞、城邑、坛庙等。对于笔者来说，最重要的是这套图翔实地描绘了清代盐业聚落，有19幅图中直接出现了开采井盐的井架，而与盐有关的河流、码头、村落的图就更多了，足以证明盐业在当时四川的地位。且《四川全图》是三维空间化的图，等同于现代无人机鸟瞰照片，对研究聚落与周边环境的空间关系有着重要价值。

（2）各县志图考

清代四川各产盐地的县志中，也不乏与盐有关的地图。比如作为产盐重镇的富顺县和大宁县，就在县志的图考中专门绘制了盐场图，将当时盐业聚落的山水格局、建筑分布一一描绘出来（见图13）。这些地图采用轴侧鸟瞰的形式表达，内容更加丰富。

图13 自流井小溪图考（资料来源：《富顺县志》卷一）

2.清代地图中的盐业聚落空间演变

（1）以井盐开采为依托形成初始格局

盐业聚落选址伊始，便是对盐业资源的考量。早期在近三峡地区发现天然盐泉，巴族的部落就依靠盐泉建立；秦灭巴蜀后大举移民，给偏僻的巴蜀地区带来了凿井工具，但受技术水平限制，产盐地经常面临无盐可出的困境；直到清代凿井技术的改革，使大规模的地下盐业资源得以开发，盐场被裁并，逐渐形成固定的、产出量庞大的产盐地。

　　在聚落形成的初期，都是围绕开凿的盐井聚集人烟，以生产资料（盐井）或生产设施（锅灶、储卤）为单元形成各类小场。各场或像富顺县的自流井和邓井关一样呈点状分布，或像荣县的贡井和大宁县的王家滩一样呈团状分布，聚落初始格局以井盐开采为依托，建筑分布不均（见图14）。

　　（2）以水道为骨架扩张格局

　　盐业聚落的发展，不仅依赖于井盐的产量，还依赖于产盐地的地理交通情况是否便于运输货物、辐射四方。通过比对《四川全图》中出现的

自流井小溪（资料来源：《自流井小溪图考》，1872年）

邓井关（资料来源：《邓井关图考》，1872年）

贡井（资料来源：《荣县总图》，1878年）

王家滩（资料来源：《盐场图》，1885年）

图14　各盐业聚落的初始格局

19 幅盐场图，我们发现绝大部分盐场毗邻水道；不临水的则铺道路连接至水道旁，比如南充县的李坝盐场紧邻嘉陵江，三台县的玉泥盐场临涪江，可见水路运输对于盐业聚落的重要性。

因此，随着产盐地的逐渐兴盛，各场、团有规律地以水道为骨架进行扩张，逐渐形成具有一定规模的聚落格局，其形态轮廓多沿水岸或者道路呈带状。形成这个特征主要归因于盐业聚落须因地制宜，其布局讲究对地形的适应。

首先表现在兼顾山川的特征上，即便遇到地理环境不如意的情况，人们为了盐资源也不得不适应。如大宁县的王家滩盐场（见图 15），自古因滔滔不绝的盐泉"龙池"而闻名，且此处正位于两河交汇口，货物运输非常便利，然而盐泉周围群山耸立，将空间分割成许多小块，导致内部交通十分不便。但经过盐场人们数十代的建设发展，通过"过蓰"将"龙池"的盐泉输送到交通便利的开阔地再大规模熬制，于是后溪河两岸逐渐形成产盐区，而大宁河两侧的空地形成生活区，两河交汇处的一小块平整地则

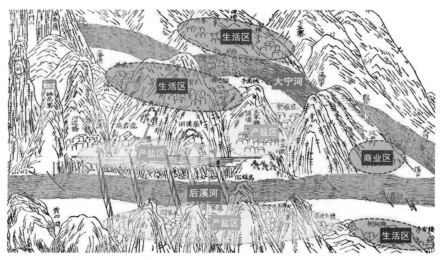

图 15 王家滩盐场格局图（资料来源：改绘自 1885 年《大宁县志·盐场图》）

被陕西商人承包下来作为商业用地，真正做到了兼顾山川的聚落发展。到清末，大宁县已然成为中国十大盐都之一。道光年间，大宁河盐船发展到600余只，年运盐出峡1420余万斤，清人魏光烈有诗赞美道："黄金走万里，待看往来船。"

其次表现为主要街道沿河流或道路展开的特征，这样不仅可以形成更多的商业面与临水码头运输面，也方便商品货物运送至商业主街。如富顺县的邓井关盐场在形态上就呈现出这一特征（见图16），始于产盐区发展，后沿富顺河而上逐渐开发出生活区、商业区，商业正街均平行于河道展开，街巷脉络明晰，建筑分布相对规律。

（3）以多功能互嵌式形成聚落中心

当盐业聚落形成一定大的规模，盐产量提升后，各地盐商资本便纷纷

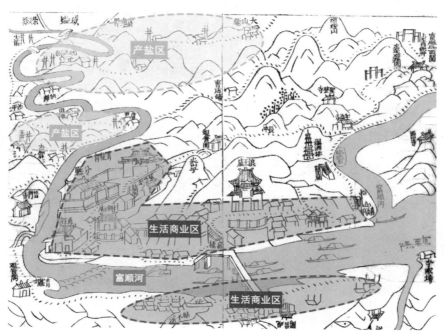

图16　邓井关盐场格局图（资料来源：改绘自1872年《富顺县志·邓井关图考》）

涌入，聚落自给自足的平衡被打破，生活在这里的官吏和灶民需求变大，"盐商抓住这一商机投资土地、工业、商业等，在经济上形成一套完整体系"，因而聚落内产区空间、管理空间、商业空间甚至祭祀空间紧邻并融合发展，形成盐业聚落中心，以便获得最大的利益。

因盐业聚落的空间位置关系不同，故而聚落中心会形成不同的空间形态，但总体有类似特征。以富顺邓井关和自流井小溪场为例（见图17），

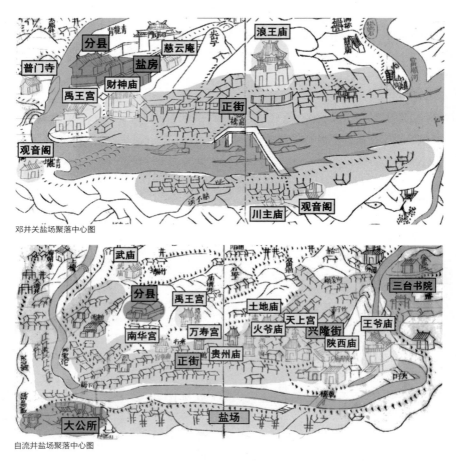

邓井关盐场聚落中心图

自流井盐场聚落中心图

图17 邓井关盐场、自流井盐场聚落中心图（资料来源：改绘自1872年《富顺县志·邓井关图考、自流井小溪图考》）

商业街平行于河道，被称为"正街"，是聚落的主街道；官署建筑设于街头，是建筑组团的核心，包括分县、盐房等；寺庙、宫观沿街兴建，这些祭祀建筑都与盐业活动相关。它们主要分为两类：一类是祈求风调雨顺、盐业生产顺利的浪王庙、禹王宫等庙宇建筑；一类是由外省盐业商人兴建的会馆建筑，以举办同乡活动之用，如万寿宫、南华宫等。

整个聚落来往的是从事盐业生产和贩卖的人，矗立的是各种服务于盐业活动的建筑，呈现出极具巴蜀地域特色的聚落特征。

3. 巴蜀盐业聚落现状

清代井盐聚落的形态布局和功能组成是为促进四川盐业生产而形成的，到了民国时期又因生产能力低下而被裁并。部分盐场原有的产盐功能已不再被需要，旧盐场逐渐转化为供往来人员居住贸易的商业集镇。在实地调研中，我们发现曾经的四川产盐地呈现出三种不同的现状。

其一是不再产盐且无遗存，消失在历史洪流之中。如云阳的云安古镇，建镇 1700 多年，其凿井煮盐的历史可以追溯到 2600 多年前，是三峡库区重要的盐业文化代表地之一。小镇上曾经宫殿会馆云集，盐业文化、地域文化、宗教文化在这里呈现多元化发展，形成了独具特色的"峡江古镇"，可惜随着长江水位的上涨，小镇被淹没于江水之中。

其二是不再产盐，但有遗存。这些场镇虽已发展成现代化城镇，但仍保留有一些盐业遗迹，以及与盐业生产和运输有关的节会及民俗等。如以产盐而闻名天下的四川资中县罗泉镇，其悠久的历史可追溯到秦代，至清朝时盐业开发已达到顶峰，民国以后就停止产盐，以白石开采为主业，但古镇被完好地保存下来，镇上的盐神庙是国内现存为数不多祭祀盐神的建筑。

其三是仍在产盐。这类场镇多是清晚期至民国时期仍持续生产的盐场，它们要么转型为工业化大量生产，要么成为渐渐式微的民营传统制盐场。比如自贡富顺，现为四川久大盐业集团的三大产盐基地之一，今存有西秦会馆（陕西盐商会馆，现为盐业博物馆）、王爷庙（船工行帮会馆）、桓侯宫（屠沽行帮会馆）以及众多井架、盐井、古盐道等盐业遗存。

虽然绝大多数盐场如今已经转变为现代化城镇，但不论是曾经的地理规划格局，还是街道建筑分布，或多或少传承下来并映射在今天的城市风貌中。现在的自流井区，釜溪河两岸的自流井老街和解放路，正是由清代自流井小溪场内的正街和兴隆街演变而成；何家厂经几代更迭被改造成彩灯公园；此外，陕西庙、王爷庙、张爷庙、三台书院、三台寺皆有遗存保留下来。

再比如现在的巫溪县溪口，延续清晚期大宁盐场的格局，两河交汇处群山环绕，曾经的王家滩盐场和盐厂房，作为第八批全国重点文物保护单位被保留下来；配套盐场水运建设的祭祀建筑——龙君庙和观音阁，同样保存完好；一些村坝像李家坝、麻柳树等，则延续了原有的名字继续发展。

4. 小结

井盐业与巴蜀地区聚落之间有着不可分割的联系，前者甚至决定了后者的演变规律。然而，随着历史的浪潮更迭，制盐提炼技术的提高，海盐逐步代替井盐成为人们的主要食用盐，因此井盐生产对四川聚落发展的决定性作用便逐渐衰退。在城市历史文化广受关注的今天，我们也应当重视和保护地方城市发展的独特性。本文通过对一系列清代地图的分析与研究，以期为当代井盐聚落体系的特色规划与可持续发展提供新思路的同时，丰富四川传统聚落与建筑的内涵。

基于边界空间视角的郏县老城空间记忆与传承设计探研

郑东军（郑州大学建筑学院副院长、教授）

李广伟（基准方中郑州分公司）

目前，国内不少县级城市的老城现状是空间格局尚在，但风貌无存，仅靠部分历史建筑支撑着老城的历史记忆。在日益重视老城保护和更新的当代，这无疑是许多中小城市面临的棘手问题，其中河南郏县具有一定的代表性。随着城市的更新和扩张，传统意义的边界被打破，由外向内的侵蚀逐层渗透，老城边界的记忆逐渐模糊乃至消失。本文试图从城、巷、院三重边界来探寻郏县老城边界空间的记忆，并将文化线路作为动力线注入老城生活线，以解决老城与新区之间发展动力失衡的问题。希望能为当下火热的老城改造与保护提供一种新的途径和参考。

何为边界？"边界是一个场地的交流或禁止出入的界限。"凯文·林奇将其视作城市设计的五要素之一，具有相隔性、连续性、可见性，但其并非不可渗透。因此，边界空间既是隔离，又是缝合，隔离的是矛盾，缝合的亦是矛盾。中国古代城市空间结构中具有典型的多重边界空间，如一重城池、二重街巷、三重院落等。"出则繁华，入则宁静"体现了三重边界及三重空间属性，也是中国营城之哲学。近年来，我国关于古城边界的研究逐渐深入，但多基于"弱边界""强边界"讨论其私密性与公共性问题，虽争论不断，但无不强调边界空间的重要性。依此，本文试图基于边界空间视角，结合相关调研，探讨郏县老城的保护与更新的设计问题。

1. 郏县老城边界空间历史与现状

郏县，自西周便有记载，秦王政十七年（前230年）始设郏县，是名副其实的千年古县。郏县老城居于中原腹地，水陆交通极为便利，自古便是商品贸易的枢纽，它既是洛蔡古道、川陕古道上的商业重镇，也是古盐道、万里茶道上的重要节点。

郏县老城占地面积约为2.1平方公里，历经千年，遗产颇丰。老城的历史格局、肌理风貌依稀可见，有文庙、山陕会馆2处国家级文物保护单位，以及城墙遗址、西关清真寺、全轨故居等48处文物遗产，这些地域特色鲜明的传统民居建筑与匠作工艺，都具有不可再生的独特价值。依据"边界空间"的概念，郏县老城有三个方面的空间记忆：

（1）自然与地理——嵩山余脉，汝水之滨

郏县老城位于豫西山区向豫东平原的过渡地带，东南方向背靠外方山余脉，西北方向背靠箕山山地，南临汝水，具有典型的背山面水的城市自然格局。《郏县志》记载："郏之山北连汝禹，东南接襄叶，汝水带于前，扈涧、小龙、蓝水、团造诸溪萦纡左右……村店集镇栉比鳞次，故亦嵩洛间一都会也。"（见图18）

（2）城市与街巷——城池巷陌，市井雄心

明《正德汝州志》中可见当时郏县城市与街巷的基本格局。"周围八里有墙，高一丈五尺，池深一丈，本春秋时楚令尹子瑕所筑，成化戊申知

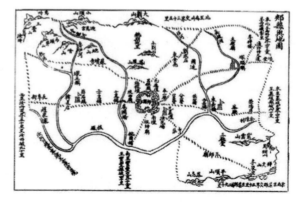

图18 郏县舆图（资料来源：清咸丰九年《郏县志》）

县王玺重修，旧址四门，因东南有便道通南阳府，增置小东门一座，共五门，上各建楼。"由此推断郏县老城格局在春秋时已经基本形成，且东南有通往南阳府的官道。县志中郏县之图亦可见其基本街巷格局，东西大街贯通，南北大街错位呈十字形，公共建筑主要沿东西大街北侧排布，坐北朝南。清《郏县志》记载其格局基本沿袭明代，城内设"九街十七巷"。"在城集，旧在东西二关，今移城内四街及北后街、南后街六处。"民国三年（1914年）郏县城郭图以及1966年卫星地图中依然可见城墙、护城河以及完整的城市格局。之后经历"文革"以及快速的现代化城市建设，从1996年出版的《郏县志》中我们可以看到，北部大部分城墙已经被推倒，护城河断流，老城的格局被打破，东大街、小东门街向东扩展，新区的开发已经开始。进入21世纪后，城市现代化进程加快，随着高速公路及高铁线路的部署，城市继续向东迅速扩张，从2018年卫星地图中可见其新区规模已超越老城区，并有继续向东发展之势。实地调研发现：社会层面上，人口与资金流向新区，老城的衰败由内而外蔓延；文化层面上，新区不断侵蚀老城，老城与新区的矛盾不断加深。老城与新区之间城墙、护城河等物理意义上的阻挡被推倒和填埋，却又在社会文化层面上形成了一道穿不透的壁垒，一条越不过的鸿沟（见图19）。

　　曾经的"九街十七巷"早已沉入历史尘埃，拓宽的街巷已然不再有唠不完的家常和童年的记忆。街巷处于城市空间和院落空间的中间层次，是传统生活中最主要的邻里交往空间，承载着邻里之间最美好的回忆、最浓厚的乡愁。东西大街、小东门街原本为老城内外交流的重要媒介，如今已成为新区侵蚀老城的主要媒介，东城门、南街、西城角、西关、衙署五个历史街区街巷肌理、边界较为完整清晰，却也是今非昔比（见图20）。

　　（3）院落与建筑——庭院深深，匠心独具

　　郏县老城院落格局整体上分为二合院、三合院、四合院、二进院四种形制，功能上分为院落式民居和前店后居的商住混合的院落，街巷的边界由院落的边界构成。部分院落格局因大规模的开发而遭到破坏，但大多数

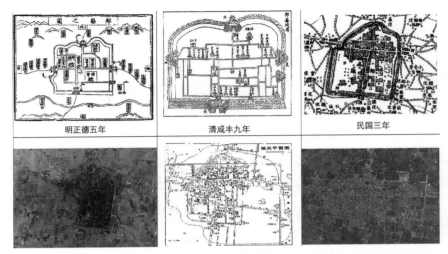

图 19 郏县老城街巷格局变迁图（资料来源：明《正德汝州志》；清、1996 年《郏县志》；卫星图）

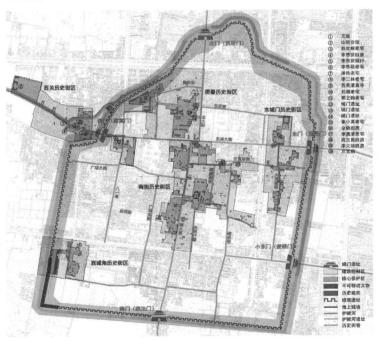

图 20 郏县老城历史要素分布图（作者自制）

因固有宅基地的限制仍有迹可循。因此，历史街区中原有的街巷肌理和尺度得以保留与传承，当然，也有部分居民越界，在街巷内私自加盖简易建筑，一定程度上影响了街巷原有的秩序。但整体而言，大部分院落传统格局相对完整，原来的深宅大院多被分割，院落内部建筑也逐渐加密。然而，随着新区的扩张，人口逐渐向新区转移，有相当一部分历史建筑逐渐被废弃，院门紧锁，毫无人气。

从单体建筑到院落组合，郏县传统建筑极具特色。如文庙（始建于1206年，明清两代大修，是国内四大文庙之一，其大成殿的木雕龙柱，规格较高）、山陕会馆（始建于1693年，其戏楼檐下的木雕工艺精湛，具有较高的规格）等全国重点文物保护单位虽历经沧桑但依然气势恢宏，其木雕、石刻、彩绘等具有极高的历史、艺术价值。而且，包括46处不可移动文物在内的传统民居建筑有着独特的形制和风格。

此外，其传统建筑墙体的独特构造中，红石的使用也独具地方性。红石产于郏县东南部紫云山，当地居民就地取材，将其用于墙体的建造，包括红石拔石、红条石用于基础、墙基、墙转角加固，门窗过梁和红石门墩等，这些充分体现了郏县传统的匠作智慧：①加固建筑结构，体现力学价值；②灰色建筑底色中的点点亮色，"三尺一拔"菱形排列的红石拔石，具有美学价值；③"里生外熟"的墙体构造，保证了建筑墙体的保温隔热，具有一定的生态价值。

2. 郏县老城边界空间记忆回归策略

（1）那城·那河——边界的再生

老城与新区的边界逐步被打破，在建设中冲突不断加剧，老城正面临着大刀阔斧的地产开发危机，我们试图通过恢复一条绿色的柔性边界来缓解当下的矛盾。通过疏通历史上的护城河，使得这一老城与新区的边界再次被确立，但它不再是防御工程，而是在交流交融中建立起来的空间界面和文化自信。河岸的环形廊道与城市公园融合，更像是一条充满包容、交流的柔性边界。新区与老城在这条柔性边界中获得新生，通过绿廊消解新区与老城的视觉冲突，形成新区与老城的过渡地带，同时为老城发展文化商业提供环境支撑。

（2）那城·那巷——邻里交往空间的回归

街巷边界的完整性影响了街巷里人的活动，邻里的交流一定程度上依赖于街头巷尾公共场所的回归。针对郏县老城历史街区街巷具有一定的完整性的特点，我们建议采取"轻介入"的手法，重塑街巷边界，以实现邻里交往空间的回归。根据实际调研情况可采取三个基本方法：一是针对街巷内加建的简易房，采取拆除加建、整治环境的做法；二是针对街巷内少数风格不协调的建筑，采取立面改造、协调风格的做法；三是针对原有布局结构被破坏以至于影响街巷内原有秩序的院落，采取空间还原、重塑秩序的做法。通过重塑街巷边界，促进街巷秩序回归，邻里交往的边界空间记忆将被重新唤起（见图21）。

（3）那城·那院——对烟火气息的向往

老城空间结构的传承归根到底要落到院落空间结构上来。院落空间单元是居民对老城空间记忆的最小的边界，也是最具有烟火气息的地方。在这一层面通过院落结构的修复、更新以及衍生来实现院落边界空间记忆的回归。

a.院落结构修复与传承

新建自建住宅

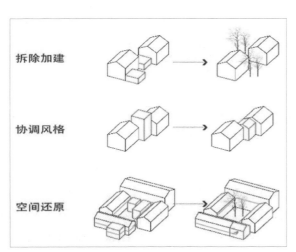

图21 历史街巷处理策略（作者自制）

部分须遵循已有的地块使用和街巷空间规则。这也许是出于对"宅基地"根深蒂固的尊重，即使诸如三官庙内 25 间被拆除、24 间作为住宅，也保留了边界和划分痕迹。基于此，对院落的保护与改造首先应该是传承，承其"界"对院落单元进行修复（见表 1）。

表 1 院落结构修复策略

现状描述	院落格局，历史建筑相对完整，边界清晰	院落格局不完整，但存在历史建筑	院落格局不完整，无历史建筑但边界清晰
院落现状图示			
策略图示			
策略描述	1. 建筑立面的更新：a. 老建筑且结构稳定：外立面的修缮。b. 老旧废弃建筑：置入新的建筑，但要注意尺度协调。2. 建筑功能的更新：沿街可做商业、展览、餐饮，改善室内环境。3. 院落环境整治：院落景观、植物、铺地	1. 保留并修缮历史建筑，拆除院落内不协调建筑，恢复开放空间，但需保证开放空间的边界为院落边界。2. 按照周边院落格局建设风貌协调的建筑，并适当留有开放空间，保证一切建设范围在院落边界内部。3. 院落环境整治：院落景观、植物、铺地	1. 拆除院落内不协调建筑，按照周边院落格局建设风貌协调的建筑，并适当留有开放空间，保证一切建设范围在院落边界内部。2. 院落环境整治：院落景观、植物、铺地

b.院落结构调整与更新

对多个院落组团，可生成较大尺度的新建筑，以满足更多公共活动等功能需求（见图22）。

1.原有建筑评估　　　2.由于功能需要，简易　　3.植入新的功能，将拆除　　4.形成平面形态
　　　　　　　　　的、加建的、风貌不协调　　建筑的墙体作为新建筑的
　　　　　　　　　的建筑将被拆除　　　　　边界，形成新老建筑对话

图22 院落结构调整策略示意图（作者自制）

六艺博物馆的设计在原有的传统院落组团基础上进行，通过巧妙处理场地与视线的关系，将场地原有私密庭院与新建筑围合营造一个开放庭院。通过院落的组合适应博物馆的功能需求。采用当地传统材料青砖和红石，具体操作手法是"保留—围合—置入—更新"，即保留场地原有的三处院落—新建建筑与原有四处院落围合形成开放庭院—置入玻璃廊子连接各院落空间—最终形成二级院落结构的空间层次，实现功能上的更新。

c.院落结构营造——衍生

根据院落及建筑特点衍生出新的院落形式，满足更多的需求。以特色民宿改造为例，通过对当地民居院落结构、建筑材料以及特殊构造形式的提取与运用，组织空间布局，形成特色民宿建设方案。

3. 郏县老城边界空间串联策略

边界空间记忆的回归意味着老城生活线的回归，但是生活线的回归又必须依赖动力线的回归。虽然时过境迁，昔日辉煌的车马商道已然没落，但是放在文化线路的视角下重新审视，其价值依然是经久不衰的存在。基于此，一条文化线路动力线的引入成为可能。宏观视角下，郏县老城与汝州半扎、汝州老城、郏县冢头镇、宝丰大营镇、叶县老城一起构成了万里茶路河南段上遗存较为集中的一段，其线路价值可见一斑。微观视角下，郏县县域内及周边文化遗存颇丰，拥有神垕古镇、冢头古镇等诸多传统古镇，李渡口、临沣寨等诸多传统村落，以及郏县文庙、山陕会馆、三苏坟等诸多全国重点文物保护单位，其文化旅游价值将在文化线路的带动下有更大的提升。老城内历史街区、文物保护单位、历史建筑这些空间记忆的串联将成为文旅商业发展的动力线。

4. 结语

在郏县县城城市发展中，城墙被推入城壕，护城河断流，老城边界空间逐渐被打破，随之而来的是边界记忆的模糊以及新城对老城的侵蚀和破坏。新城不断扩张，带走人口和资金，导致新城与老城资源不均衡。动力的缺失和方向的迷失，致使老城发展停滞，街巷交往空间失落。本文试图探讨的边界空间的重新建立，有利于边界空间记忆的回归，在原有老城生活线的基础上，通过文化线路这一动力线的发掘和引入，为老城记忆空间注入新的活力。新城与老城也将在柔性边界中交流融合，由矛盾和冲突的关系转变为区域功能上的互补关系。那山还是那山，那河依然涓流不止，那城，那巷，那院，还是那市井的烟火气，犹如《清明上河图》画卷所展示的，一座活生生的城市。

注　释

文化线路：在 2008 年 10 月于魁北克举办的 ICOMOS 第 16 届年会通过的《宪章》中，明确将文化线路定义为：任何交流线路，无论是陆路的、水路的或其他类型的，能明确边界并为满足特定的目标而具有自身特定的动态的和历史的功能特征，且必须符合以下条件：a）必须产生于，并能够反映某个相当长的历史时期内的人口流动以及人民、国家、地区或大陆之间多维的、持续的、交互的商品、思想、知识和价值观念的交流；b）必须由此促进受其影响的文化在时间和空间上的相互交流，同时通过物质的和非物质的遗产体现出来；c）必须融入一个动态的系统，包括与文化线路的存在相关的历史关联和文化实体。

参考文献

[1][美] 唐纳德·沃特森,艾伦·布拉特斯,罗伯特·G.谢卜利.城市设计手册 [M].柳海龙,郭凌云,俞孔坚译.北京:中国建筑工业出版社,2006.

[2][美] 凯文·林奇.城市意象 [M].方益萍,何晓军译.北京:华夏出版社,2001.

[3] 郏县志 [M].清咸丰九年.

[4] 正德汝州志 [M].明正德五年.

[5] 郏县志 [M].1996.

[6] 苏国彦.广州历史文化街区边界空间研究 [D].广州:华南理工大学,2012.

[7] 丁援等.中国文化线路遗产 [M].上海:东方出版中心,2015.

[8] 陈豪.河南省郏县传统民居建筑文化研究 [D].郑州:郑州大学,2014.

[9] 陈洁,王一帆,杜芳."保护更新单元"在历史城市肌理保护中的应用——以宁波梅墟历史地段与杭州笕桥历史文化街区为例 [C]//2017 中国城市规划年会,中国广东东莞,2017:10.

[10] 杨超.织造城市:"非历史文化名城"型的老城更新——以汤阴老城为例 [J].规划师,2017,33(05):53-58.

[11] 秦川.集体记忆视角下都市历史街区文化活力研究 [D].天津:天津大学,2014.

[12] 肖竞,曹珂.历史街区保护研究评述、技术方法与关键问题 [J].城市规划学刊,2017 (03):110-118.

[13] 郑利军.历史街区的动态保护研究 [D].天津:天津大学,2004.

[14] 何依,邓巍.历史街区建筑肌理的原型与类型研究 [J].城市规划,2014,38(08):57-62.

[15] 叶露,王亮,王畅.历史文化街区的"微更新"——南京老门东三条营地块设计研究 [J].建筑学报,2017 (04):82-86.

[16] 李天舒.市井文化视野下的台北历史街区的保护、更新与再生研究 [D].西安建筑科技大学,2015.

"不确定"中的"韧性"面对

陈　竹（香港华艺设计执行总建筑师）

2022 年 12 月 13 日，深圳。尽管新冠肺炎疫情的阴霾还没消散，但随着疫情管控的放开，这座城市因防疫而紧绷的神经稍微舒缓。在这一特殊的时间节点，在华艺公司的新迁办公楼中，一场学术论坛在此举行，众多知名建筑师和专家学者齐聚一堂，围绕"韧性生存与建筑创作"的主题畅所欲言。在防疫前景并不明朗的当时，建筑师这一难得的线下聚会能够实现，既反映出建筑师们对回归正常社会生活的信心，也表达出对不确定的行业前景的共同关注。

在百年未有的变局时代，行业或个人都是微小的，仿佛大山前的一颗沙砾，每个个体都感觉到沉重和深深的无力。1986 年德国社会学家乌尔里希·贝克在《风险社会》一书中指出：自工业文明之后，我们时刻都面临着陷入一种社会性危机状态的风险。他所指的风险是现代社会由于技术进步和经济发展带来的风险与危害。由于这些风险与现代性相伴而生且具有整体性和结构性，因此往往难以预测和无法避免。相对于这一社会学理论的悲观论调，经济学者一贯更加积极。普林斯顿大学教授马库斯·布伦纳梅尔在《韧性社会》中给出了以构建"韧性"结构来对抗冲击、重塑秩序的概念。

1."不确定"即是"确定"

学者的理论也许为我们更好地理解和接受当下环境中越来越显性的"不确定性"提供了依据。的确，如果从历史发展角度来看，环境的变化是常态。持续三年的疫情给社会经济和正常生活秩序带来的冲击，影响了人们对于未来的预期。这种短期的冲击，按风险社会理论，可算作典型的"不确定性"。从更长一点的时间维度来看，过去中国经历了难得的 40 年和平与快速发展的时期。城市化率在过去 20 年以接近 1.2% 的速度逐年递增，2020 年全国人均住房面积达到 41 平方米，已接近发达国家水平。显然，过去高歌猛进的建筑行业已到了转折期，必然面临增速放缓的问题。从这个角度来说，未来一段时间建筑市场的结构性调整和紧缩是确定的，唯一不确定的是何时到底。

因此，面对不确定的发展态势，首先要做的是调整预期。既不能流连在过去的顺境中，也不能过度悲观。接着就是自我调适和应对。可以预见，未来 10 年建筑市场的下行会让大部分设计企业的生存变得更加困难，但对行业而言，是必须经历的过程。"韧性"就是适变性。无论是设计企业还是建筑师个人，都应在转型中积极调整心态，勇于走出舒适区，提前明晰调整的方向，从组织到个人积极适变。久则变，变则通，不破不立。

2.行业角度：适应从"量"到"质"的时代转型的要求

受益于经济快速增长、城市化与人口红利产生的巨大需求及廉价成本，过去 30 多年中国建筑市场催生了一个年营收达万亿的设计市场。随着市场需求的下滑，城市空间开发从增量扩张转为对存量的开发，及对建筑品质的追求。在市场专业性不足的情况下，设计往往以"颜值"取胜。长期以来，设计方案的创造性一直着重于空间形式及其表达，而创作的基础往往薄弱而主观，建筑师的创作理念在"为自身形式语言寻找依据"中漂移，以个人影响力加文化包装宣传来获取市场信任。

在由粗放式发展向"精细化、品质化"转型过程中，设计师要获取专业开发者的信任，就必须不仅提供"满足功能的最合理形式与空间"，还必须要证明设计能帮助业主实现特定需求，实现最经济合理的投资和最佳的综合效益。这一要求将使得建筑设计成果产生更多分化。空间和形式的审美趣味当然还是很重要的，毕竟建筑是作品而不是产品，需要被欣赏。但是，创意的依据需要有更深入的诠释，对建设的过程要有更全面细致的服务和品质管控，对建筑建成后的实效需要更深入和专业的规划评估。

3. 企业：找准定位，用专业深耕来拓展业务领域

面对当下下行的市场及不断提升的建设需求，设计企业要保持持续发展的生机，需要清晰认知自身特点，在行业分化的变局中，找准自身特色，寻求最适宜的发展路径和与之相匹配的管理方式。

如果参考欧美发达国家，在经历了大规模工业化和城市扩张的后工业社会中，建筑设计企业主要有三种，其中大多数为擅长一定领域的小型设计师事务所、专业设计咨询公司，其规模一般在几十人；有多个合伙人的事务所规模可能大点，也一般不超过 200 人；此外，有极少数大型国际设计企业或国际设计集团，但很少有承接不同类型设计和全专业的，类似国内大院的综合设计机构。在高度饱和的市场中，能存活下来的都是在专业细分的行业中独具特色或能发挥最大专业效益的企业。经过扩张阶段的国内设计市场在逐渐进入成熟期后，也必将进入更加专业细分的阶段。简言之，小事务所靠领军人物，追求个性创意及独特风格，专攻特定领域或客户；大公司则靠综合技术实力，重协同管理和资源整合。

可以确定的是，专业化是未来行业下行趋势下设计企业发展的必由之路。作为一家中大型设计机构，华艺公司近年在努力推进原创设计的同时，致力于通过精细化技术管理体系，实现技术引领行业领先的跨专业集成技术服务能力。这一目标通过构建符合公司管理的"技术质量—产品技术—科技创新"的三梯级来实现，即构建统一技术标准体系，以技术标准带动全公司设计出品质量稳步提升；围绕核心产品构建核心竞

争力，持续探索产研结合的设计专业化提升路径；建立公司科研管理制度，依托重点研发课题及重大项目，构建具有行业领先的科技创新技术。仅 2022 年度内部课题结题就形成了包括《超高层办公楼核心筒设计指引》等在内的十多项设计标准、指引、产品库、产品手册等成果。这些内部技术积累虽短期内很难带来经济回报，但确是公司保持专业化持续发展的核心力量。目前，公司正围绕装配式、绿色低碳及数智化等重点战略发展领域积蓄设计和技术创新力量，探索形成符合自身特色的建筑设计领域低碳健康建筑系统解决方案，努力开辟创新业务发展的新路径。

4. 个人：拥抱不确定，过程比终点重要

未来社会应是流动性增强、更加多样化的社会。个人的工作环境将很难获得一种长久的稳定。作为变化时代的个体，个人的能力和经验的积累不再是单一维度。抓住每次经历的机会，争取好的结果并从中获得成长的经验，都是增强适变性的过程。

从长远来看，建筑设计需要更加多元化的生存和发展空间。在建设速度放缓后，是否能对相对滞后的建筑文化或理论来一个"升级"？前 20 年，高歌猛进的市场抑制了绝大多数建筑师的创造力，掩盖了诸多的"脱节"：建筑理论方法与实际脱节，建筑研究与实践脱节，建筑设计思维与社会性脱节，建筑教育与行业需求脱节。未来如果能有更多的建筑人才投入到建筑文化发展和建筑保育上，未尝不是一件好事。而对于建筑师个体而言，探索世界的好奇心是创造力的源泉。只要好奇心还在，创造力就能延续，哪怕建筑实体不再作为唯一成果。

回归建筑师的职业

邱慧康（深圳市立方建筑设计顾问有限公司创始人、执行董事）

1. 社会背景介绍

2022 年，受新冠肺炎疫情、经济低迷等多重因素影响，中国房地产业在城市发展中经历了重大调整，由此带来相关行业的连锁反应，包括公司倒闭、裁员和降薪。建筑师们在忙碌的工作中开始"吐槽"工时的性价比、质疑行业的发展前景。这些情况促使建筑师们不断思考生存问题，毕业生在考虑转行，这成为建筑行业的一个社会现象。

由此，我们开始反思传统建筑学教育。建筑学学生从读大学开始便接受中西方建筑思想教育，中国传统建筑思想如《老子》第十一章中的阐述"凿户牖以为室，当其无，有室之用。故有之以为利，无之以为用"；西方的建筑思想如马尔库斯·维特鲁威·波利奥（Marcus Vitruvius Pollio）的《建筑十书》、阿尔多·罗西（Aldo Rossi）的建筑类型学、康泽恩（M.R.G.Conzen）的城市形态学等，学生们在多元理论思想的交叉影响下学习建筑学。然而，在职场的建筑设计实践中，市场的价值取向却将建筑师的职业推向另一种工作模式。大量的设计公司为了生存承接商业化设计项目，建筑师们则在现实生存的压力下，被迫以"复制"和"粘贴"的方式设计建筑，人们已经把"速度"与"效率"视为建筑师的生活的代名词。当下，城市更新从 "规模扩张"逐步转向"存量优化"阶段，人们开始不断质疑：经济的发展是否必然导致此类现象？建筑师们也在思

图 23 世界各地建筑作品（图片来源 :www.pintrest.com）

考：这种动摇的现象是否是职业本身的反映？

2. 建筑产业现象的反思

中国近几十年的房地产开发所带动起来的"大拆大建"模式，导致建筑作品呈现出高产量、低品质的特点。建筑的地域性与文化性不断在城市化进程中消失，使城市呈现出千篇一律的景象，城市日常空间中人与人之间的情感交流亦在不断削弱。我们需要审视自己、审视同行，交流并学习世界发达国家的建设经验。我们应借鉴发达国家在经历大规模建设后所呈现的职业状态，对比中西方建筑师的工作。我们要多学习纽约、多伦多、墨尔本、伦敦等地的设计作品（见图 23）。

发达国家的建筑设计量不大、设计周期长，设计作品很好地保留了城市的地域性与文化性，体现了正向的价值取向。在不同国家、不同城市环境及经济背景下，建筑师们在尝试不同的实践突破和创新。通过对比国内外的建筑行业，我们需要不断反思：建筑设计追求的目标是什么？在供大于求的社会经济环境背景下，什么样的建筑设计作品更具前瞻性且被市场所需？在建筑作品不断被模式化、套路化的设计语言侵蚀的情况下，我们并不需要追捧标准化或展示区，而是应将对建筑作品的关注点由产量转向质量，由局部转向全局，由建筑设计、建筑建造转向建筑全过程生命周期的可持续发展方向。我们不仅需要关注建筑本身，更需要关注建筑与城市、社会、环境、人之间的互动关系。

3. 设计实践中对"差异性"的探索

近年来，在激烈的市场竞争下，我们不断反思和总结建筑师职业的竞争点，探讨从建筑的标准化到建筑的地域性、时代性、文化性，以人文情怀为出发点，寻求每个项目表层之外的差异性。下面以库博建筑设计事务所有限公司（CUBE DESIGN，以下简称"库博设计"）在 2022 年做的两个竞赛项目为案例，阐述库博设计对"韧性生存与建筑创作"的理解。

（1）高品质校园"城长计划"项目

2022 年，深圳市龙岗区工务署组织了龙岗高品质校园"城长计划"项目，吸引了全国众多设计公司积极参与。资格预审阶段共有 261 家设计公司报名，提交了 596 份报名文件。该项目共计收到 410 份简案策略，平均每所学校有 50 家设计机构参与竞争，这体现了目前建筑设计行业竞争的激烈程度。

库博设计亦积极参与。当不同设计公司在面对相同任务书时，如果只看到表层信息，只依据退线、日照、间距等规范要求，建筑设计的作品就容易趋于单一化和同质化，这样会失去竞争的意义和目标。因此，我们的设计目标是挖掘每个项目基于表层共性之外的更深层的差异性与在地性。在高品质校园项目中，库博设计的方案均在表层共性之外寻找差异性。很荣幸，有些差异性被专家们所认可。库博设计在资格预审中入围 5 个方案，其中 3 所学校入围备选方案（见图 24）。

尽管在有些方案中，我们所追寻的差异性未被评审专家所看到，但我们仍然积极参与激烈的竞争，认真找寻每个建筑所特有的差异性。最终，

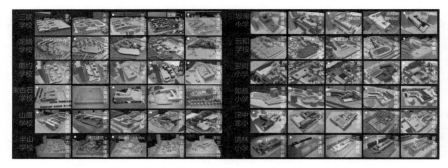

图 24　12 所学校入围方案（作者自绘）

我们入围的 3 个方案的设计费是 55 万，费用不高，但是库博设计仍保持初心及激情，追寻着建筑设计的差异性，并积极投入设计创作，不断在建筑行业中韧性生存。在不同设计竞赛中，很多脱颖而出的设计作品亦找到了项目共性之外的差异性，这些差异性变成了可贵的建筑设计元素。

（2）人才安居房项目

深圳安居集团的第一批人才安居房设计项目共涉及 4 个地块。共有 21 家设计公司参与投标，经过 2 轮评标和 1 轮述标。库博设计积极参与了 4 个项目的投标， 认真探讨基于每个地块人才安居房的差异性，最终成功中标了其中 1 个项目。在富有热情的建筑创作中，库博设计希望每个建筑作品都能够促进建筑设计行业不断向前迈进。

4. 总结

通过对中国现实背景进行反思，对比国内外建筑行业现状并结合库博设计 2022 年的两个竞赛案例，我们分析了未来建筑学建筑师"韧性生存与建筑创作"的发展方向。我们需要寻求一种职业精神，以此反思我们所需要的回归。

（1）回归职业本源

建筑师的本职工作是设计，但是创作设计的标准不是统一的，而是基于不同的社会背景、周边环境、经济因素、城市发展、人们的生活等综合因素，目的是让设计为人民带来美好生活。

（2）回归正向评价标准

人们的价值观不应仅仅关注经济性、实用性，在此基础上，更应试图探索建筑、人与环境之间的融合共生，以形成可持续化的建筑评价标准。在建筑设计向建筑全过程生命周期的转变过程中，从初期的项目策划、建筑设计到后期的项目运营、维护更新再利用等环节，探索建筑与人之间的互动关系的全过程设计，这代表了更高层次、更理性、更从容的价值标准。

（3）回归正常工作、生活方式

建筑师熬夜、加班、依赖咖啡是常态。过去，建筑师以高周转的生活方式服务于高周转的生产设计，但高周转的生产设计并没有诞生令人赞叹的建筑作品。建筑师们需要转变生活方式，需要感受生活以追求更有生命力的建筑。

（4）回归社会交往交流

建筑师需要和社会进行交往交流，深入挖掘和探讨社会发展及人们真正的需求。由之前自上而下的机制转向自下而上的共建机制，让市民与建筑师等多方人员协同参与建筑设计创作的全过程。

这里的回归概念并不是回到以往的方式，而是在新时期、新要求、新背景下，以更加成熟、更加深省、更加睿智的姿态追求建筑设计与建筑师更高标准的发展。基于当今社会背景，融合科技信息技术，适应时代进步需求，建筑行业未来的发展将呈现螺旋上升的状态。让设计实践从被动陪跑变为主动领跑，探索在共性之外的差异性的"甜蜜点"，在设计中体会情理之中、意料之外的效果。

人性・天性・韧性
——从区域、市域到街区的空间营造法式

周　劲（深圳市规划国土发展研究中心总建筑师）

人性与主体相关联，是主体意识的人格构成；天性与客体相关联，是客体环境的网络结构；韧性与载体相关联，是载体空间的营造法式。主体、客体和载体之间构成了一个相互作用、相互影响的逻辑关系。

1. 人性：主体意识的人格构成

人性到底是什么？凯文・林奇（Kevin Lynch）在《城市意象》中提出五个要素，揭示了基于人的心理的城市认知地图。这五个要素根据其特征可分为三个平面要素（节点、路径和区域）和两个立面要素（标识和边界）。

可是，即使你严格按照五个要素做设计，也未必让人觉得那是一座好的城市。为此，凯文・林奇写了另外一本书《城市形态》，提出了另外五个要素来评价什么是"好的城市"，即控制性、适宜性、感觉、生命力和可及性。控制性指的是，好的城市需要有管制、有规矩、有法规、有标准，确保整个城市空间在受控制、受监督的情况下运转，这体现了管理上的合法性。适宜性指的是，好的城市的空间要随时变化，适应不同地段和不同时段的使用需求，这体现了功能上的合理性。感觉指的是，好的城市要让人有回忆感、有乡愁、有故事、有体验感，这体现了场所上的合情性。生命力指的是，好的城市要有卫生、健康的环境，就业机会多，经济繁荣，

城市有活力。可及性指的是，好的城市要交通便捷、步行舒适，全民友好。

中国经典名著《西游记》里的五个角色，正好与凯文·林奇说的这五个要素一一相对，分别代表了人格构成的五商：德商、智商、情商、财商和体商。唐僧德商最高，有理想、有追求，是团队的精神领袖；悟空智商最高，能七十二变，适应各种变化和需求；八戒情商最高，有爱心、通人情，擅于沟通；沙僧财商最高，整个团队的财产都由他来一肩挑，只有财商高才能保证整个团队的经济基础；体商最高的当然是白龙马了，它承担运输的重任，作为交通工具，负责驮着唐僧远行。凯文·林奇也许正是受到《西游记》的启发，才把好的城市的评价要素与好的人格构成五商联系了起来。

2. 天性：客体环境的网络结构

客体环境本质上呈现出三元网络结构的特征。任何一个研究对象，无论其是复杂还是简单，都至少可以归纳或分解为内涵明确且边界清晰的三个基本元素，从而可以运用分级、分类、分区和分期等研究方法阐述其基本规律。无论是在物理学、美学、生命科学，还是在地理学、区域学、城市规划中，都体现了这一特征。

爱因斯坦最著名的公式 $E=mc^2$，揭示宏观物理世界的本质就是能量，能量取决于质量和速度。中国不仅体量大而且发展速度快，所以能迅速崛起，让世人刮目相看。美学的三原色是设计师最熟悉的，五彩斑斓的世界都是由红、黄、蓝三原色组合变化而来的。而三原形（圆形、方形和三角形）是造型的基本元素。经典历史建筑，如非洲的金字塔、欧洲的斗兽场、亚洲的故宫，其平面布局都是用最简洁的形态取得最具冲击力的建筑造型，从而流传百世。

生命科学告诉我们，碳原子是构成有机物最基本的元素，由它组成三棱锥的甲烷和六边形的苯环，继而构成有机分子。六边形是微观苯环的结构，而六边形理论则是宏观地理学的经典研究工具。花园城市理论创立者埃比尼泽·霍华德（Ebenezer Howard）用三种磁力分析城市的宜居需求，他搭建的社会城市模型与地理学家瓦尔特·克里斯塔勒（Walter Christaller）的中心地体系有异曲同工之妙。前者试图通过平衡工业、农业和居住三者的关系来构建英国人心目中的理想田园国，后者则试图用市场、交通和行政三大原则来构建德国人心目中的严谨有序的城镇等级体系。二者都对城市群和城市化的理论和实践产生了深远的影响。

这种不同尺度、不同等级的三角网络空间布局体系，还体现在著名区域规划学者约翰·弗里德曼（John Friedmann）的世界城市体系中。他通过分析亚洲、美洲和欧洲的主要城市群关系，构建了全球城市两两互联的三角网络模型，这一模型涵盖了世界上最大的海港、空港和陆地枢纽城市。同样，这一模型也反映在中国的城市化进程中，目前全国范围已经形成了约两小时航空距离的城市群网络，包括四个"三角"：京三角（京津冀）、长三角、珠三角和西三角（成渝地区）。全国城镇体系规划也展现了这四个城市群的决定性地位。

对于城市市域尺度而言，"三生"（生产、生活和生态）是构成城市布局和形态的三大基本要素，其链长和连接关系决定了城市的体型和体态。"三生"其实与《雅典宪章》中提到的四大功能——工作、居住、游憩和交通——之间有着密切的呼应关系。

生产链越长，意味着产业等级越多，就业机会也越多；生活链越长，意味着消费层次越多，生活方式也越多，社会包容性也越强；生态链越长，则意味着生物多样性越好，环境容量也越大，市民户外休闲活动品质越高。三链交织构成一座城市的DNA基因图谱，决定着这座城市的生命力和竞争力。

所幸的是，深圳在1986年建市之初，其第一版总体规划就凝聚了全国一百多位规划专家的智慧，富有远见地确立了以自然山体和入海河道为生态隔离带的组团式城市结构。此外，2005年深圳率先划定了基本生态控制线，近年来又出台了工业区块线管理办法和城市更新综合整治规划。这些举措保护了支撑实体经济的制造业空间，保护了承担着城市"社会湿地"功能的大量城中村，实现了生产、生活和生态空间的良性互动和交融，从而保持了深圳持续的活力和创新力。

3. 韧性：载体空间的营造法式

无论是主体意识的人格构成，还是客体环境的网络结构，都体现出三个平面要素和三角网络的基本特征。因此，所谓韧性，不妨理解为以主体人性为价值导向、以客体天性为理性基础，对载体空间实施的一种刚柔相济的营造法式。

截至 2021 年，深港城市 / 建筑双城双年展（简称"深双"）已成功举办了 8 届（首届于 2005 年举办），2022 年迎来了第 9 届。它生动地展现了对各类城市空间的韧性营造。2022 年"深双"的主展场所在地为罗湖金威啤酒厂工业遗存项目，这一遗存项目正是笔者 1995 年在布心工业区调整规划中竭力保留下来的，当年差一点被拆掉。城市空间的韧性营造不仅需要市域尺度的宏观布局，而且需要街区尺度的精心设计。

笔者有幸携"三维深圳"大型装置作品参加了 2019 年"深双"。该作品的主要目标是用公共艺术阐释公共政策，促进公共参与。具体做法是用 3000 多个立方体金属框架搭建出全市建设密度分区实体模型，每一个立方体代表 40 万平方米的建筑量，给市民展示一下全市未来建成 14 亿平方米建筑面积的城市体型。值得一提的是，该作品一开始就采用了"三无"（无水、无电、无土方）施工法，全手工搭建。撤展后，我们把所有框架全部拆卸，回收利用，在办公楼和住宅区的室内室外各个场所，分别做了展览架、书架、博古架、花架等等，一点都没有浪费。这也算是我们在街区尺度韧性营造方面的一个小案例。

4. 结语

关注价值，聚焦人性，建筑与城市才有人情味，才接地气；道法自然，顺应天性，建筑与城市才有张力，才有活力；天人合一，归于韧性，建筑与城市才有适应性，才有持久力。以确定性适应不确定性，是建筑师和规划师共同面对的永恒命题，值得持续深入探讨。

关注遗产现代化的三个话题

金　磊（中国建筑学会建筑评论学术委员会副理事长，
中国文物学会20世纪建筑遗产委员会副会长、秘书长）

从字面上看，北京中轴线、20世纪遗产、文物"四普"是并不相关的三个话题，与城市规划、建筑创作关联度不高，业界和公众对它们也缺少全面认知。然而，本文就是要研讨这三者间的关系，不仅要找到它们之间的逻辑必然性，也要发现其可互鉴之处。

2024年9月19日至21日，第三届北京文化论坛如期而至，它以"传承·创新·互鉴"为永久性主题，同时特别强调"深化文化交流　实现共同进步"的年度主题。在6个平行论坛及配套的32场专业沙龙中，与会专家总结了面向世界、服务民生的"北京经验"，以此审视"北京中轴线·20世纪遗产·文物'四普'"，不仅提出了具有世界意义的命题，更是城市现代化进程中文明互鉴的典范。

三个话题具体来说：北京中轴线是指7.8公里的古都中轴线被列入《世界遗产名录》，为北京这座全国历史文化名城及世界著名古都再添浓墨重彩的一笔。20世纪遗产作为时代遗产，近年来备受关注且在《世界遗产名录》中有充分体现，是占比较高的现当代遗产；中国文物学会20世纪建筑遗产委员会历时10年，已推介了9批共计900个项目，它们是中华民族现代文明之标志。文物"四普"是指国务院自2023年确定的摸清全国文化遗产家底的国情国力调查工作。可见，这三个话题本质上确属一件事，即如何在现代文明理念下，实现有国际视野的城市文化传承与发展。

1. 世界遗产北京中轴线

110 年前的 1914 年，顺应时代之变，明永乐十八年（1420 年）建成的崇高且神圣的社稷坛，在朱启钤（1872—1964）的精心规划组织下，被辟为北京第一座对公众开放的城市公园。这无疑是中国百年未有之大变局中的一个重要事件，是北京由古都迈向现代化城市的伟大事件与壮举。

2024 年当地时间 7 月 27 日 11 时 15 分，在印度新德里召开的第 46 届世界遗产大会通过决议，将"北京中轴线——中国理想都城秩序的杰作"列入《世界遗产名录》，它是申遗十多载的坚守，更印证了 70 多年前梁思成盛赞"北京独有的壮美秩序就由这条中轴的建立而产生"的论断。

中山公园的社稷坛作为北京中轴线 15 个遗产构成要素之一入选，无疑成为中山公园 110 周年庆典史上的标志性大事。历史能给当代社会什么样的启示？中山公园 110 年的变迁说明：建立在现代城市理念基础上的公园观念，不仅是"西学东渐"下的"西园东渐"，更是国际视野下现代中国、现代北京的缩影。正如海德公园之于伦敦，中央公园之于纽约，中山公园是北京乃至中国公众高雅生活的象征，更成为 110 年来北京走向现代文明"符号"的精神所在。而在遗产构成要素中的"天安门广场及建筑群"中，国庆十大工程的代表性建筑如人民大会堂及国家博物馆虽未成为"国保"，但一举成为世界文化遗产，这是进步也是壮举。

北京中轴线是具有传统文化意蕴的。有不少建筑师问道：中轴线成为世界遗产入选的是什么？是精神还是物质体？其实世界遗产大会表述得很清晰，即"北京中轴线——中国理想都城秩序的杰作"。这表明北京中轴线不仅彰显国家礼仪之尊，蕴含民族文化之韵，更承载着中国古代都城空间的规划设计之美，所以对北京中轴线的历史与今天之认识，是贯穿历史与现实、传统与现代，关联天、地、人，关联北京时间与空间的精神与物态实轴。因此，北京中轴线遗产构成要素"天安门广场及建筑群"，更值得审视其现代理念下的规划设计观。

20 世纪初，从封闭走向开放的天安门广场经历了第一次改造；1949 年，天安门广场迎来了第二次改造。1949 年 9 月 30 日，中国人民政治协商会议第一届全体会议决定，在北京建立人民英雄纪念碑；当天傍晚 6 时许，毛泽东率全体政协委员，在天安门广场举行了庄严的奠基仪式。1958 年 5 月 1 日，以象征皇权的宫殿、城楼、坛庙为主体的明清中轴线上，建起了人民英雄纪念碑这一新式建筑。它在传承中华文化基础上也吸纳了西方古典设计技法，对碑顶、碑身、基座进行了适当创新，呈现了既雄伟又庄严的纪念碑形象。人民英雄纪念碑与天安门、正阳门形成了和谐、完整的建筑群。1958 年，为筹备新中国成立十周年庆典，天安门广场又经历了更大规模的改扩建，拆除了中华门；1959 年，广场东西两侧建设了中国革命和中国历史博物馆（现为国家博物馆）及人民大会堂。此时的天安门广场，延续了中轴对称的传统格局，新旧建筑相映生辉，形成了天安门广场的壮美之势与新格局。

1976 年 9 月 9 日，毛泽东主席辞世。10 月 8 日，中共中央做出"关于建立伟大领袖毛泽东主席纪念堂的决定"，最终选址在人民英雄纪念碑正南方。随后，正阳门城楼与人民英雄纪念碑间的松树林被移除，天安门广场向南延展至正阳门城楼，至此广场总面积有 43 万平方米，已是明清皇家宫廷广场的 4 倍，是目前世界上最大的广场。进入 21 世纪，中国日益走向世界舞台中央，世人瞩目的天安门广场既代表着国家形象，也是反映人民精神面貌的窗口，尽管广场上举行的国家庆典、阅兵、集会、联欢、纪念活动等越来越多，但其始终恪守东西宽 500 米、南北长 860 米的尺度，不再扩建。2012 年国家文物局批准北京中轴线成为"中国世界文化遗产预备名单"项目，"天安门广场及建筑群"不论在阐释北京中轴线核心理念上，还是在呈现北京走向现代化的文化传承上，都成为壮丽的现代文明遗产载体。北京中轴线不仅集中反映了以中为尊、择中立国、向明而治、公正和谐等中国传统文化精神和理念，还通过不同时代的规划设计贡献，见证着中华文明历史文化的多元一体格局与创新性。它是印证《实施世界遗产公约操作指南》第三条世界遗产标准"仍保持着活力的文明和文化传统的见证"的突出典范，城市的文化自觉在北京中轴线上体现得十分突出。

北京是联合国教科文组织授予的"世界设计之都"，这一点在"天安门广场及建筑群"的设计与人文、传统与当代中得到了深刻体现。在北京7.8公里传统中轴线上的15个遗产构成要素中，天安门向南的"天安门广场及建筑群"，联结着宏伟庄严的国家礼仪场所和繁华热闹的市井街市，形成了既南北起伏又左右均衡对称、富有韵律的壮美格局。它是北京传统中轴线发展至成熟阶段的典范，也成为整体化呈现服务人民的北京老城建筑与遗址规划格局的杰作。它从规划上强调中华传统智慧中的"择中"观念，其所形成的居北面南的朝向格局，均衡对称分布于中轴线两侧的建筑群，体现了自古以来人们对营造和谐美好城市社会的追求。"天安门广场及建筑群"东侧的中国国家博物馆、西侧的人民大会堂分别对应了"左祖右社"的太庙与社稷坛，坚守了"中""和"理念，表达了亦传承亦创新的中华民族在文化发展上的可持续规划思想。此外，在"天安门广场及建筑群"的规划上，纪念建筑人民英雄纪念碑及毛主席纪念堂居中布置，体现了中华文明的传承与发展。

2. 20世纪建筑遗产

20世纪建筑遗产无疑是中国建筑文化的现代表述，是符合国际化视野的中国现当代建筑经典篇章。自2016年至今，在中国文物学会、中国建筑学会的支持下，已相继推介了9批共计900项中国20世纪建筑遗产项目，它们丰富了中国建筑科学文化作品的优秀实践案例，还填补了中国在建筑遗产类型上的空白。如今"20世纪建筑遗产"概念、方法及研究应用策略在中国建筑文博界乃至教育界已经扎根，正在为城市文化建设、"城市更新行动"的文脉传承，提供历史人文依据。

"批评"一词源自希腊语，意思是"做出判断"。所以，广义而言，建筑评论就是要在建筑设计及研究上做出"判断"，这涉及技术、艺术、历史、遗产、人文、道德等综合性内容。就建筑遗产评论而言，时代精神下的遗产观是指时代的一只脚跨过了神秘的新世界门槛，而它的另一只脚还停留在过去。在传承及守望中走好过去与今朝之路，需要果敢，还需要在批评中有求知的探索精神。20世纪建筑遗产确是中国建筑文博界的新事物，其在多方面所体现的纯正且新鲜的思想潮流，虽然在世界范围内得到充分认可，但一个经典的建筑（或建筑群）在不同的批评者视角下会有不同的评价，导致社会以及政府就有不同的对策，因故拆毁的国内外著名建筑不在少数。

百年的城市建筑与我们最近，只有这段历史才可将20世纪的中国最为理性、直观且广博地呈现。大规模建设与缺乏文脉的城市更新，使年轻的20世纪建筑遗产不堪一击，缺少身份的经典建筑（含中外建筑大师的作品）给我们留下的遗憾也颇多。所以，若没有清醒的政府认知及公众的支持，20世纪建筑遗产必然会处于比早期建筑遗产更危险的局面。

国际上发生的20世纪建筑被毁坏或被拆除的案例屡见不鲜。例如，日本建筑师山崎实20世纪60年代设计的纽约世贸中心塔楼，毁于2001年"9·11"恐怖袭击事件；同样可惜的是，他在密苏里州设计的社会住房项目普鲁伊特伊尔住宅区，建成后不到20年也被拆除，甚至被称作现代主义失败的象征。又如，西班牙马德里的约尔巴实验室，是建筑设计创新价值与物质间平衡的例子，却因为未被确认为要保护的历史资产身份，1999年被拆除。再如，日本著名建筑师黑川纪章1972年完成的建筑作品东京中银胶囊塔，是新陈代谢可持续建筑的稀有样本，被视为战后日本文化复兴的标志，却因翻修费用高，于2022年被拆除。还如，在2019年第43届世界遗产大会上，美国著名建筑师赖特有8项作品被列入《世界遗产名录》，但1923年经赖特重新设计且经受住了关东大地震考验的东京帝国饭店，竟在1968年被拆除，现在的帝国饭店已是第五代改建作品了……

国内也不乏其例。例如，1912年建成的津浦铁路济南火车站，曾是亚洲最大且最有特色的火车站，也是世界上独一无二的哥特式建筑群落。战后德国出版的《远东旅行》系列将其列为旅行的第一站。该火车站由德国建筑师赫尔曼·菲舍尔设计，是20世纪建筑史上的经典项目，甚至比过去的北京前门老站及上海站也略胜一筹。有文献记载，梁思成、林徽因审定的1928

年建成的吉林西站，几乎模仿了老济南火车站。1992 年 7 月 1 日，老济南火车站被拆除。再如，1985 年建成的深圳体育馆属深圳建市后"八大文化设施"之一，曾荣获国内外一系列奖项，2009 年中国建筑学会授予其"建国六十周年建筑创作大奖"。围绕深圳体育馆的"保留"与"拆除"问题，尽管建筑文博界研讨建言并呼吁"保留"，但终因各种理由消失在改革开放 40 周年之时。在重庆，一批 20 世纪经典建筑已不存在：1960 年建成的山城宽银幕电影院，是中国当时唯一可放映宽银幕电影之所，1989 年与重庆大礼堂、嘉陵江大桥等入选重庆首批十大建筑，1996 年 1 月因旧城改造之需，将这座被誉为"建筑结构纪念碑"的建筑拆除，它仅仅存世 36 年便"英年早逝"了；始建于 1982 年的会仙楼，曾是重庆第一高楼，有两个解放碑高，2009 年 10 月拆除了这座仅有 27 岁的"青年楼"。

3. 全国文物"四普"要创新

向"新"而行的时代之境，不仅给出了 20 世纪建筑遗产新类型的文化密码，还拓展了城市更新行动中传承保护的文化场域，共同构成了中国建筑、城市、文博界的一道历史文化遗产风景。笔者建言全国文物"四普"要创新，旨在以改革之思发现我国 1956 年、1981 年、2007 年三次全国文物普查工作的不足，在此基础上做出改进，使建立的国家不可移动文物资源总目录及国家数据库不仅丰富，还要真正涵盖全国各类建筑遗产的方方面面。所以"四普"是工作，更是研究，是源于传统又要有所超越的工作。将 20 世纪建筑遗产登录其中，显示了文物（或称遗产）身份的重要性及基础性。

从国际上来看，20 世纪国际代表性建筑大师的作品入选《世界遗产名录》。例如：勒·柯布西耶，跨越 7 个国家的 17 个项目入选（2016 年，40 届）；格罗皮乌斯与阿道夫·梅耶共同设计的德国法古斯工厂入选（2011 年，35 届），同时德国包豪斯学校也于 1996 年、2017 年两度入选；密斯·凡·德罗的德国图根德哈特别墅入选（2001 年，25 届）；美国建筑师赖特的 8 个项目入选（2019 年，43 届）；2021 年 2 月，阿尔瓦·阿尔托基金会宣布，正在申请将芬兰建筑大师阿尔托13个代表作品纳入《世界遗产名录》，一旦成功，阿尔托将成为《世界遗产名录》中入选作品第二多的现代建筑大师。

2022年，英国皇家建筑师协会（RIBA）与英国文化教育协会（British Council）联合举办Open Door项目，公开征选中英两国近现代建筑遗产保护案例，包括：（1）20世纪遗产建筑；（2）建于1901年以前的历史建筑。最终评选出来自英国和中国大陆的14个优秀遗产项目。2022年9月，美国现代主义建筑奖公布了该年度的获奖名单，共有12个项目获奖。它重点表彰对现代主义建筑的保护工作，奖项涉及设计、调查与倡议。整体上讲，美国现代主义建筑奖旨在推进现代主义建筑的保护工作。

截至2024年上半年，全国已有142座历史文化名城，历史建筑数量达6.72万处，但与中华民族现代文明载体的建筑实际数额相比尚有差距，确须加大对20世纪建筑遗产的完整性系统性认知，尤其要发现并总结其保护与传承经验。从第一批至第九批中国20世纪建筑遗产名单来看，北京20世纪50年代所建"八大学院"及一批中国高校都已入选，包括20世纪初的教学大学等。再看北京东华门82号院综合楼（原国家外贸部办公楼）项目，它历经了"改造"与"手术"之法。该项目修缮前是在20世纪50年代的基础上，于80年代做了加固；但这次建设并未延续原建筑的外立面，不仅取消了原有的线脚，还将原设计多层次的暖灰色水刷石改为单色的冷灰色涂料。该项目修缮工作启动后，建筑师几经周折，终于找到了20世纪50年代该项目的原始风貌照片，成为项目本身不可或缺的文化积淀。据此，建筑师由"改头换面"的设计转变成了"外科手术"方法，通过新材料、新技术的介入，让这座70多岁的老建筑恢复了本来面貌，在历史的长河中发挥了基因传承的作用。

20世纪建筑遗产的"身份"被纳入国家遗产保护框架且在"四普"中有所体现是非常必要的，即要在"四普"中，充分挖掘历史文化资源，将可以体现20世纪乃至当代建筑遗产价值的项目找出来、纳进去，以培养全社会对建筑遗产的敬畏之心，再不能对其随意破坏、随意更改、随意搬迁。此外，

20 世纪建筑遗产绝非用固定的"尺子"衡量保护，它以因地制宜、尊重中外建筑文化、留住城市文脉为准绳。"四普"至少要解决的是在摸清保护对象时，明确"哪些保""哪些必须保留""哪些可以恢复""哪些需要加固""哪些保留原状"等关键问题及决策。一是如何在 20 世纪建筑遗产认知上做到"空间覆盖"及"要素囊括"，实现对特别经典但无身份的项目的遗珠拾粹；二是如何将遍布城乡的看似"一盘散沙"、实则星罗棋布的建筑遗产通过 20 世纪建筑遗产认定标准，予以"四普"价值的认定。这既要符合国家及省市对建筑遗产的普查认知要求，也要在"找"建筑与"筛"建筑上寻求创新，特别要杜绝对一批 30 年楼龄项目（包括公建与住宅）的拆毁。据此，笔者提出"以点带面"的 20 世纪建筑遗产进入"四普"的路径：

（1）在近现代建筑分布集中的市，如天津、北京、上海、重庆、武汉、南京、青岛、杭州、广州乃至地级市浙江宁波、安徽安庆等，可明确将 20 世纪建筑遗产单独编制列表，并尽可能地加入项目建筑师或设计机构的名字；

（2）对于古建筑居多的省市，如陕西、山西、安徽等，也要尽其所能关注历史建筑中 20 世纪建筑的类别与价值，特别关注"三线工程"等；

（3）尤其要关注特殊类型的 20 世纪与当代建筑遗产，如工业遗产与新型工业遗产、被长期误判为"低等级"建筑遗产的项目、在改革开放中有创新的建筑项目、体现新中国建设成就的某些代表性项目等。

关注遗产现代化的三个话题，旨在以建筑遗产的名义审视中国式现代化的发展，不仅在"传统"价值与"现代"价值上使 20 世纪建筑遗产得到双重锻造，更要推进传承与创新的融合。20 世纪建筑遗产作为建设中华民族现代文明的载体，它需要被呵护，并在新时代城市建筑语境下进行新的转化与创造。

济南的记忆

姜　波（山东建筑大学教授、齐鲁文化研究中心主任）

　　新冠肺炎疫情期间封校已经三周了，有大把的时间待在屋内。静立窗前，看到楼下空寂的街道，我突然涌上一种陌生感：这是济南吗？这是我生活、工作了 30 年的城市吗？似乎瞬间被什么东西触动，让我生出一种回顾一下自己在这座城市过往岁月的愿望。

　　既然无法奔波在春天的路上，索性就坐下来，提笔回忆一下我记忆中的济南。

　　1991 年大学毕业后，我留在济南工作，开始关注并记录这座城市。起初我的工作是画建筑速写、拍老街照片，后来从事历史建筑测绘，再之后投身于历史建筑保护工作，可以说，我见证了这座城市整整 30 年的变迁。

　　先简要说一下济南的城市历史。近代以后，济南分为了老城区和商埠区两部分，即明代形成的济南府城和 1904 年开埠的商埠区。济南府城是中国传统城市的格局，而商埠区则是近代城市格局。济南也是国内近代最成功的自开商埠的城市之一。20 世纪初，近代胶济铁路和津浦铁路的开通促进了济南城的近代化快速发展，但济南始终保持着古城和商埠近代城市完全不同的城市风貌。到 20 世纪 50 年代，城市规模没有太大变化，50—80 年代，济南扩大了很多工业区、住宅区和文教区，老城区也增加了很多建筑，但城市核心仍然属于老城区和商埠区的范围，城市格局和风貌并未有多大的变化。

图 25 建筑手绘图

  我 1991 年大学毕业后留济，那时的济南城市格局完整，老城区和商埠区仍是整个城市最繁华的所在，充满了历史城市独有的烟火气息。记得当年自 9 月份工作后，我几乎每周都带学生到大明湖路画建筑速写。傍晚下班时，老城区拥挤的街道上都是滚滚而过的自行车流，每条老街都有数不清的老院落，走进每个老院子都会有惊喜的发现。我从山东省图书馆找到清末绘制的济南老地图，将它复印下来，裁成若干纸条，再把标明老街的纸条贴到速写本上，随后按纸条标明的老街，寻访每个院子，逐一进行实地调研记录。记录完一张纸条上的老街后，再换另外一张纸条。这样一个学期下来，我穿行、驻足在一条条老街、一座座老院里，徜徉其中，流连忘返，欣慰于自己有幸成为济南人。

  20 世纪 90 年代初期的济南，老城区格局保存基本完好，深宅大院比比皆是。当时我的调研工作也非常细致，具体到每一座院子，都进行翔实的采访和照片记录等。那时候工作虽然很辛苦，但现在细看每张照片、每座院子的平面图，都是研究济南不可多得的资料。

大概就是在同一时期，济南已经开始老城区的拆迁。1992 年 7 月 1 日上午 8 时 5 分，济南老火车站开始拆除，我用一架海鸥 4B 相机和 120 大幅胶片记录下了这座拥有 80 年历史的济南标志性建筑的最后的容颜；随后的 8 月，我最初画建筑速写的大明湖路老街被拆毁。势不可当的拆建狂潮，慢慢改变着一座老城。那几年，我带着一部照相机一路追随拆迁的步伐，记录了每一处被拆毁的老街、庙宇、店铺和四合院，拍了 3000 多张胶片，画了几百张速写。

1996 年，我在当时刚创刊不久的《济南时报》上开设了《泉城忆旧》

图 26 建筑手绘图

专栏，素材都来源于脚踏实地的调研。此专栏我是按照济南老字号、济南古建筑、近代建筑这几个类别进行写作的，前后写了一百多篇文章，算是对济南历史建筑进行的初步系统的整理。那是纸媒的高光时代，实地调研来的每篇文章都深受市民的欢迎，大家都以为作者是一位久居济南的长者在回忆一座老城的过往岁月，纷纷给报社来信互动，报社为此开了座谈会，结集出版相关书籍，并开展了一系列的活动。《泉城忆旧》专栏的巨大成功给了我研究济南的动力、信心和成就感，其间我也断断续续发表过一些研究济南历史建筑的文章。济南这座和我有特殊缘分的城市成为我最初的研究对象。

1997 年，我完成了人生第一本专著《四合院》，在其中一个章节"集

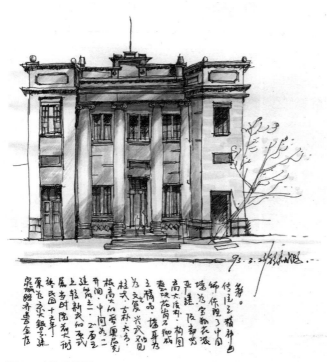

图 27 建筑手绘图

南北大成的济南四合院"中，我是这样介绍济南民居的："济南传统民居最大的特点是和济南城山水环境的高度融合，北方仅有的水巷民居，民居、水巷融为一体，设计独具匠心。济南潇洒似江南就来源于这里。"遗憾的是，代表中国北方民居荣耀的济南四合院所在的剪子巷、大板桥、小板桥大都在 20 世纪 90 年代初被拆毁。直到今天，我还深刻记得济南大板桥民居被拆毁的那个早晨，我一个人站在晨雾中的水巷，清澈的泉水从脚下流淌而过，相机的取景框里是老街高低起伏的屋顶，那是济南特有的民居造型，那一刻我忍不住热泪盈眶。我知道我是看到这条拥有几百年历史的老街的最后一人，也是唯一给这条老街留下印记的人。

2000 年前后，济南老城区拆迁进入高峰时期。2001 年，济南泉城路进行拓宽改造，沿街 24 处历史建筑无一幸免，持续不断的拆迁把老城区曾经繁华的历史建筑的元气一点点耗尽。我们在山东建筑工程学院建筑系老主任张润武先生的带领下，紧随拆迁的步伐，用了整整两年时间，为济南著名的泉城路、芙蓉街、芙蓉巷测绘了数百张测绘图，算是给这些老街记录下了最后的容貌（见图 25、26、27）。之后，大明湖扩建工程马不停蹄地推进，让老东门地区几条著名的老街也几乎荡然无存，全部被扩展为大明湖的湖面。我们进行测绘记录的同时也不断在各种媒体上发声，记录济南的老街。我们在《中国新闻周刊》上发表了题为《大明湖和济南老城之死》的文章，以纪念这些逝去的老街和老房子。

2004 年，我与山东民俗学会副会长山曼教授、山东大学李万鹏教授等人一起完成了《济南城市民俗》的著作，这是对济南城市历史与民俗文化的最后的调查和记录。2000 年后的第一个 10 年，是济南大拆大建的10 年，也是老城离我渐行渐远的 10 年。

济南商埠区拆迁和改造主要发生在 2000 年以后，多以棚户区改造之名完成。在道路扩建和棚户区改造完成之后，商埠区很难再找到一片完整的历史街区，而我们当时的工作也不再仅限于速写和拍照测绘。2004 年，我们完成 1919 年建成的丰大银号的测绘保护设计方案；2006 年，完成

20 世纪 30 年代建成的宏济堂中药老字号的保护设计方案；2008 年，完成 1904 年所建的济南最早的电影院——小广寒电影院的保护设计方案；2009 年，完成 1910 年建成的电话局凤凰公馆的编号异地重建，完成 1940 年建成的老别墅的整体搬运；2010 年，完成 1953 年完工的中国电影院的门楼搬迁。这 10 年的时间里，我们的活动基本都围绕着老商埠一系列历史建筑的具体保护展开。

2011 年，我正式搬到学校居住，渐渐习惯了郊区安静的生活，每次路过老城区都有一种不知身在何处的陌生感，终于还是要接受更改不了的现实——再也回不去那个我曾经朝夕相处 20 年的最为熟识的济南了。

10 年前的春天，我在新校区的宿舍里，推窗就可以看到大片返青的田野，田野里灼灼盛开的桃花，春天的景象日日如画，晨风暮霭，尚有田园牧歌般的闲适。而现在，楼前四周已经是林立的小高层楼房，书房上午 10 时以后才有阳光照进来，空间的被侵占扰乱了生活的时序起动，田野要到更远的地方去寻找。

2022 年，我去市里开上新街的改造论证会。这条街道位于原来老城圩子城墙内，是 20 世纪 30 年代才形成的一条老街，因临近著名的齐鲁大学，故而也是济南最有文化底蕴的一条老街。街道上的传统民居、近代里院和独立别墅都是济南最丰富的建筑形式，是截至现在济南唯一幸存下来的、没有被全区改造的老街。就是这样一条充满历史气息的老街，在没有进行街区历史建筑测绘、没有对居民做口述调研的情况下，春节前居民就已被匆匆忙忙安排搬迁完毕。我们随即抓紧测绘、访谈、录像，春节后再来时发现所有老建筑的门窗竟然已经被拆卸干净，整条街几乎找不到一户完整的老房子。寒假期间，我完成了近代建筑史的会议论文《济南市上新街近代建筑的修复与保护略析——以上新街 108 号院为例》，我想，这可能是我最后一次下笔记录的济南了。

这就是我生活了 30 年的济南，自此，济南不再是我历史记忆中的济南了。

青岛与慕尼黑历史城区发展的比较与思考

刘　崇（青岛理工大学建筑与城乡规划学院教授、第一副院长）

　　我从青岛与慕尼黑历史城区发展的比较与思考的角度出发，交流一下我对老城区发展问题的一些困惑和观点。

　　这张鸟瞰图（见图28）向我们展示了20世纪90年代末的青岛老城区。那时一些加建的建筑影响了城市的公共空间，比如占据天主教堂广场位置的那栋白色建筑，后来被拆除了，这是合理的决策。

　　在德国读博期间，导师 D. 哈森福鲁格（D. Hassenpflug）教授给我介绍了一份在慕尼黑海茵建筑事务所的设计师工作，该公司董事长的祖父曾经建设了青岛中山路77号的海恩大楼。每天在慕尼黑的大街小巷里行走，让我对这座与青岛相似的城市有了越来越深的体会。2009年，我来青岛理工大学工作，又和德国巴伐利亚州规划局原局长、慕尼黑工业大学退休教授 H. 卡尔迈耶（H. Kallmayer）先生合作了7年之久，这更加深了我对巴伐利亚州首府慕尼黑的了解。无论是人口密度、气候，还是城市规划和文化底蕴，青岛和慕尼黑都有不少共通之处，我相信两座城市的对比可以给青岛的可持续发展带来一些思考。

　　如何提升老城区的活力，实现可持续发展？

　　青岛老城区面临着老旧建筑居住条件变差、产业后劲不足等压力；而慕尼黑在"二战"结束时，基本完整保存的建筑不足5%，基础设施被毁、百业凋敝，面临着比今天的青岛老城区更为困难的局面。慕尼黑通过采取

图 28 20 世纪 90 年代末青岛老城区鸟瞰图（摄影：李鹏）

一系列有效的重建措施（见图 29），经济得以奇迹般地迅速恢复，还在战争留下的巨大瓦砾堆上建设起 1972 年慕尼黑奥运会场馆。我在这里提出四个观点，抛砖引玉，与大家讨论。

观点一：历史城区需要建设步行街乃至步行区

慕尼黑在 49 年前就开始在历史城区最核心的区域开辟步行街，刚开始是两条主街，之后逐步发展成围绕着市政厅和圣母教堂的步行区。步行区设有若干个地铁站点，人们可以非常方便地乘坐公共交通工具到达步行区的各个标志性景点。步行区道路规划和管理富有弹性，图 30 中阴影标示的局部道路是允许机动车通行的，满足运送货物、老年人和残障人士出行等的需要（见图 30）。

德国卡塞尔大学的 D. 伊普森（D. Ipsen）教授在《城市图景》（Stadtbild）一书中把德国南部的慕尼黑和北部的卡塞尔两座城市做

图 29 慕尼黑老城区鸟瞰图（图片来源：维基百科）

图 30 慕尼黑步行区的范围（图片来源：巴伐利亚最高建设局）

了对比。他认为战后对待历史传统完全不同的态度，是导致两座城市今天文化和经济水平差异的重要因素。慕尼黑把历史街区保护和人性化的公共空间建设很好地结合起来，提升了民众的自豪感和归属感。慕尼黑的步行区在很大程度上恢复了战前的历史风貌，市民会非常骄傲地把客人带到这里吃饭和观光；如果游客对景点和建筑表现出浓厚的兴趣，本地人甚至会主动地过来讲解。周末，位于圣母教堂附近的露天谷物市场（Viktualienmarkt，类似青岛大鲍岛的黄岛路市场），人流熙熙攘攘，商品琳琅满目，即使土特产价格昂贵，市民、村民也会在周末穿着巴伐利亚民族服装会聚于此，跟家人、友人喝上一大杯啤酒，轻松地共度周末。到活色生香的老城区休闲和购物，是慕尼黑百姓生活中不可或缺的一部分。时间证明，步行区提升了慕尼黑老城区的价值，持续地刺激了就业与经济的增长。

青岛中山路周边的历史城区同样有逐步开辟步行区的潜力。图31是十几年前的一次建筑单体设计竞赛里，德国建筑师 F. 胡贝特（F. Hubert）提出的规划设想：在中山路及周边街道建设步行体系和八个停车场，地铁从老城区下方穿过，同时把途经太平路和中山路交叉口的车流引入地下。

观点二：老街坊里的新建筑应满足对品味的高要求

慕尼黑保留原有街区格局和修缮老建筑的同时，嵌入了众多的新空间和新功能，其中著名的"五宫廷"就是一个典型的项目。建筑师用现代、时尚的设计串联起五个院落，成为年轻人特别喜爱的地方；院落里有让人目不暇接的时装旗舰店、网红书店、网红鞋店、餐具店和招贴画店，不少室内设计都是艺术设计界"大咖"的作品。市中心有足够多的场所供年轻人来体验文化、施展才华，并且成为他们创业的舞台。青岛老城区可以改造成类似场所的老里院也非常多，这些老里院有巨大的潜力发展成面向年轻消费群体的商业、文化空间。

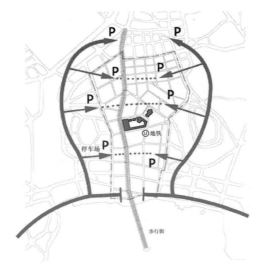

图 31　德国建筑师胡贝特的中山路及周边步行区规划设想

　　还有一个例子是慕尼黑马普研究院的建设，它的基地曾是巴伐利亚王室园林的一部分，北邻州政府，南接新文艺复兴风格的音乐厅。在巴伐利亚州最高建设局举办的国际竞赛中，中标方案具有为室外空间提供举办多种公共活动的灵活性，且其建筑风格完全是现代的：立面采用外置遮阳板以防止夏季室内过热，遮阳板后面上下贯通的空腔通过"烟囱效应"促进自然通风，在冬季，空腔又是收集太阳辐射热量、供室内取暖的温室。优胜方案清晰地表明了 21 世纪的慕尼黑市对待历史环境的态度：新建筑要体现新时代对健康、节能与环保的诉求，要以合适的方式融入场所，拒绝模仿历史和没有创意的假古建。青岛的历史城区在被商业大厦一再重构环境肌理与天际线后，"五宫廷"和"马普研究院"这类兼具时代精神和人性尺度的项目，或许能帮助重塑街区的凝聚力，并恢复老城区百姓对现代建筑的信心。

观点三：老里院可试水成为全国老城区颐养产业的样板

在慕尼黑和青岛，60 岁以上的老龄人口占比都较高，现有颐养产业满足不了当下的需求。20 年前的慕尼黑开始在城市中见缝插针地加建有电梯、集中提供照料和看护服务的养老公寓。例如，把原来行列式的住宅加建成合院，新加建部分开辟养老公寓的功能。在德国的养老公寓里，老人们有足够的空间做自己感兴趣的事情，亲友探访时可以以很低的价格租住公寓的客房，和老人共享天伦之乐。这些建筑采用沿快速路一侧的外廊组织交通，通过玻璃的隔音构造来避免交通噪声对生活的干扰。到了夜晚，玻璃透出的光亮使其成为富有温情和散发魅力的城市地标，为慕尼黑增添了一道美丽的风景。

哪里有需求，哪里就有市场，哪里就需要研发。能否让一些对老里院有情怀的老年人重新生活在大鲍岛的养老公寓中，享受老街的生活、周到的关怀和家人来访的便利？这对青岛颐养产业的发展和历史城区的更新都是新的机遇，值得深入研究。

观点四：可以把老城区建成持续发展和繁荣的大学城

慕尼黑的老城区和青岛的大鲍岛都是由建筑沿道路周边布置的街坊组成的。慕尼黑大学和慕尼黑工业大学这两所世界百强大学就是街坊里萌芽和成长起来的没有院墙的"马路大学"。同样地，我们也可以考虑在青岛的老城区建设一所有天然文化底蕴的大学，把老里院用作大学的学院楼，根据需要修缮和更新老建筑，必然能推动建筑遗产保护和城市更新的永续发展。让精力旺盛、充满浪漫情怀的大学生成为大鲍岛的使用者、建设者、消费者和行为艺术家，让年轻人乐此不疲，游客乐在其中，自由职业者安居乐业，何乐而不为呢？

双城 · 三展小记

金维忻（中国文物学会 20 世纪建筑遗产委员会策展主任）

2024 年，恰逢马国馨院士首部著作《丹下健三》出版 35 周年，亦是他从清华大学建筑系毕业并投身建筑业的第 59 个年头。为此，天津大学、河北工业大学及山东大学携手合作，分别于春、夏、秋三季，在"双城"天津与济南相继举办展览，旨在深入探索这位杰出建筑师的创作心路与学术历程。作为策展人，于不同的展览时空，我有同样的感动。

展览由中国文物学会 20 世纪建筑遗产委员会精心策划，通过展示马国馨院士 75 件（组）涵盖工作日记、编辑手稿、封面设计、书信往来、纪实人物与建筑摄影、建筑表现图以及篆刻图章等多种形式的作品，全方位展现马国馨院士自 1965 年以来的建筑设计生涯，以及长达近 35 载的学术著述之路（见图 32）。如何向公众展现这位中国第三代建筑师中的佼佼者，在著书立说与建筑创作方面的精彩之处，如何充分表达他的理念与建筑设计相辅相成中形成的独特思想体系，成为展览之核心议题。

随着一次次深读马院士的文字，我与它们越走越近，拜会院士的次数渐增，自然在策展撰文中便融入主观视角（见图 33）。在每次策展过程中，团队更愿以"第三视角"的客观立场，纯粹地展现主人公的本真风貌，叙述其业绩与故事，让观者能够细品其创作历程，使观展效果更佳。

谈及展览创作，自然离不开对马国馨院士著书立说的深入思考与剖析。马国馨院士著作的思维路径独特：述"人"时，他常从相识的缘起或人物

图32 "再回故乡 马国馨：我的设计生涯——建筑文化图书展"现场，2024年8月7日（摄影：朱有恒）

形貌的描摹入手，层层铺展至其设计思想与创作脉络；言"项目"时，他则多以工程肇始前后的逸事为引，工程分析为径，叙议交融，徐徐展开，最终揭示其未来展望或精进方向。基于此，展览巧妙地通过三条主线交织呈现。一是以《南礼士路的回忆：我的设计生涯》为脉络，系统展示马国馨院士建筑创作的七大主题：设计初体验、毛主席纪念堂纪实、丹下事务所研修、亚运会建设与两次申奥、北京首都国际机场T2航站楼规划设计、中国人民抗日战争纪念雕塑园规划及马国馨设计思想；二是聚焦于马国馨院士的35本著述与参

图33 作者与马国馨院士在"再回故乡 马国馨：我的设计生涯——建筑文化图书展"开幕现场（摄影：万玉藻）

图 34 展览中情景还原马国馨院士书屋一角
（摄影：朱有恒）

编书目，分为回望日本建筑四十年、论稿、纪实摄影集、人物文集、专论、建筑艺术、习诗集"四部曲"、参编书目 8 个部分；三是通过"马国馨学术设计生涯简表"系统梳理马院士近 60 载的学术设计历程，从开启事业"长跑"的求学阅读经历，到主导或参与数十项重大建筑工程，再到他在建筑理论、标准规范编制中的深度参与，如《日本医院建筑实例》《英日中医疗词汇选编》《体育建筑设计规范》《建筑设计资料集》等。

同时，简表还呈现了他对中外建筑、艺术"天下事"的独特见解，以及在国家级重点项目评审中的特别贡献。

展览的"新亮点"是马国馨院士的"院士书屋"（见图 34）。步入其间，数十页卷帙螺旋而上，宛若在倾诉马国馨院士的创作灵感，引领观者重温他学术观点飞扬的瞬间。书屋中央的绘图桌上，静静摆放着马院士在日本研修期间所绘制的"新加坡国王中心宴会厅（铅笔，1982 年 10 月 24 日）"建筑表现图，旁边则摆放着他常用的《辞海》《新华字典》以及绘图工具。这些物件留存着昔日的温度，让观者仿若看到他伏案创作、反复推敲的身影。抬眼望去，书屋中循环放映着 35 位院士、大师对马国馨院士的著作与展览的感言及评价，构成了一幅幅生动展现学术往来与真挚心语的画面。马院士的书，常看似平凡，但选题立意高远，其所见、所闻、所感给读者带来多维度认知，构成"一城典故话沧桑"的建筑人文风景线。

人们常言："继往圣，开来学。"马国馨院士的建筑文化图书展的独特之处在于，它深深植根于马院士在业界所展现的真诚与执着。正如他所言，写作并非奇迹之事，乃是每一位习惯努力之人的日常。正因勤勉与执着，他的著作才能成为建筑学界的"文化史诗"，它们是有记忆的作品史、行业史，是对"砖与瓦"的真切刻画，亦是对"写人记事"的忠实记述，它们终将书写成"城的家与国"。在策展人语中有这样一段话："愿观者在认真翻阅马国馨院士图书时，静下心来慢慢读，在马国馨院士著作所开启的阅读世界，感悟他墨韵画忆，抒写同窗师生情谊；丹青妙笔，记录城市变迁肌理；匠心独运，雕刻遗产传承印记；心血笔耕，联结建筑进程今昔。"

注释

马国馨系中国第三代建筑师，中国工程院院士、全国工程勘察设计大师及"梁思成建筑奖"获得者，其设计作品享誉海内外。2024 年 7 月，"北京中轴线——中国理想都城秩序的杰作"入选第 46 届《世界遗产名录》，而"天安门广场及建筑群"系"北京中轴线"的构成要素之一，其中就包括马国馨院士参与设计的毛主席纪念堂。

激励导向下的美国铁路遗产保护与再生 ※

胡映东（北京交通大学交通文化与遗产保护研究院副院长、建艺学院副教授）

闫　鹏（北京交通大学建艺学院研究生）

1. 现状

铁路遗产是一种特殊的工业遗产（《下塔吉尔宪章》，2003），不仅包括与铁路运输相关的建筑物，如站房、货运仓库等，还包括遗产所处的历史区域、线路、历史场所，以及为铁路运行提供服务的桥梁、隧道、机车等设施、设备。[1] 这些遗产中蕴含的历史信息和集体记忆，共同勾勒出铁路发展的历史脉络和重要节点。

美国地域广袤，拥有运营里程世界第一、线路四通八达的铁路系统。在过去的两个世纪，铁路是拓展美洲大陆的有力工具，为西拓和淘金运送原材料、商品和人口，极大地推动了美国产业革命和现代化进程。自1827年修建第一条铁路，1830年建成第一座火车站——巴尔的摩克莱尔山火车站至今，美国共修筑了254251英里铁路和4万余座车站。[2]

"二战"后，随着新型交通工具出现、政府干预铁路运营市场，铁路地位急转直下，美国许多铁路被关停、废弃甚至拆除。同时，在大规模城市更新运动背景下，以纽约宾夕法尼亚车站拆除等一系列历史事件为开端，"工业考古"兴起，推动了包括铁路遗产在内的工业遗产保护成为美国社会和经济发展的重要议题。[3] 火车站是城市的门户，象征着城市的繁盛，

※ 本文为北京社科基金规划项目"北京铁路遗产全链式保护的再生机制与评价研究"（22LSB006）资助

代表着当时文化、艺术和技术的最高水平。现存数千座车站及铁路遗迹记录了美国铁路工业从蒸汽到内燃机，再到电力机车的时代转变，它们共同构成了一部记录时代特征和历史痕迹的铁路史。

美国缺乏悠久的历史文化遗存，因此美国遗产登录体系中，代表近代工业文明的铁路遗产显得格外耀眼。历史场所登录制度将登录对象分为地区（districts）、史迹（sites）、建筑物（buildings）、构筑物（structures）、构件（objects）五个类别，注重铁路遗产及周边历史环境的整体保护。美国《历史场所登录手册》（2021年2月版）共登录95756件遗产[4]，其中铁路遗产1109件，占比1.16%，248个车站分布在39个州。上述遗产有车站使用（占比29.8%）、转变功能（占比62.5%）、废弃或封存（占比7.7%）三种状态，而转变后的功能多为商业（占比42.6%）和公共用途（占比57.4%）（见图35）。

图35 全美登录车站的类型分布图（作者自绘）

2. 目标

"二战"后，大规模城市更新让美国铁路遗产面临着资源保护、城市发展、经济效益三大挑战：一是如何认知铁路遗产的历史文化价值并加以保护；二是如何确保遗产所有者和经营者的经济利益；三是

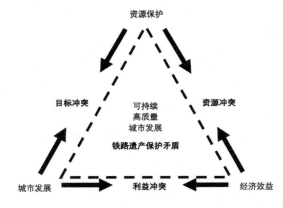

图 36 铁路遗产保护面临的挑战

如何让铁路遗产融入城市的可持续发展（见图 36）。这些挑战的解决方案蕴含在登录认定、经济激励和鼓励适应性利用等制度体系中。

从文化属性的保留到经济价值的挖掘，无论是维持原交通功能，还是作为商业资产或旅游资源进行再开发，适应性再利用均已成为美国铁路遗产保护的核心策略和发展方向。保护目标是节约社会资源，提升城市文化内涵、经济活力和功能多样性，缓和铁路沿线空间的割裂感，以实现城市的可持续发展和社会经济的长远繁荣。无论是普通建筑还是特色铁路建筑遗产，无论其演变历程还是多样类型，美国都鼓励柔性保护机制，同时强调经济价值的重要性。经济效益是其内在驱动力（见图 37）。

（1）再利用基础层面。美国铁路遗产有存量大、系统完整、建筑风格明显、结构稳固、空间开阔、多样等特点，具有修复价值与再利用的先天优势。

（2）制度体系层面。为实现保护、城市发展、个人经济利益平衡的目标，美国以多元化利用为基础实现遗产的文化和经济价值。登录认定制度和经济激励政策互为补充，让政策护航经济利益。第一，精准识别有保护价值的铁路遗产。第二，通过经济政策引入民间资本。

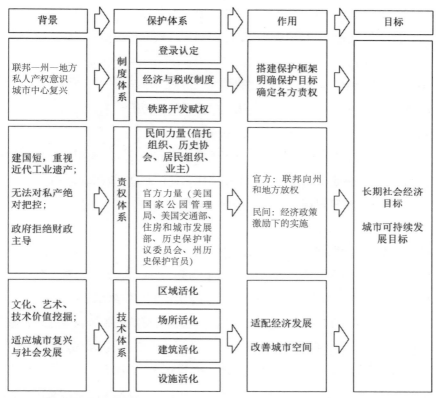

图 37 美国铁路遗产保护体系

例如，1981 年国会颁布的《联合车站再开发法案》（"Union Station Redevelopment Act of 1981"）鼓励联合车站自适应改造，"铁路存储"法案解决铁路废弃轨道权属问题，均是制度层面的巨大成功。第三，登录认定制度避免地方政府利用公共资金拆除历史车站。例如，根据《国家历史保护法》第 106 条审查流程（Section 106 review process），阻止了地方当局使用联邦资金拆除新伦敦车站。第四，经济政策帮助车站改造项目获取多渠道资金。第五，《公共建筑合作使用法案》（"The Public Buildings Cooperative Use Act"）要求联邦政府在公共事业项目中优先使用历史建筑，由此奥格登车站被改造为历史博物馆。

（3）多元主体与权责体系层面。民间诉求经济利益和社区文化建构，官方诉求城市更新和经济发展，二者以再利用的方式实现统一。在萨凡纳车站改造案例中，官方以象征性的 1 美元价格将车站租赁给商会。在地方规划条例及民间团体的监督下，该车站既维持了历史面貌，又以功能置换获得了新生。

总的来说，在保护目标上，美国强调城市的可持续发展和社会长久的经济效益；在保护主体上，美国主张官民合作，刺激民间投入；在保护方式上，美国重视铁路遗产再生与城市发展同步。

3. 经济政策导向下的保护与再生体系

地处城市黄金区位，车站等铁路遗产曾彰显荣耀，但在铁路系统衰败后，却成为压垮骆驼的最后一根稻草。宾夕法尼亚车站就是迫于经济压力，拆除地上物业以让位于新的摩天大楼。如何保有持续的经济收益，成为铁路遗产面临的重大问题。

随着席卷全美的城市化进程推进，20 世纪 70 年代美国政府将城市建设转向"城市更新"，多样化的铁路遗产利用方式成为美国城市文化发展的脉络之一。经济效益成为内在驱动力。首先，服务经济、实现城市的可持续发展和促进社会经济的长远效益成为重要的目标，如住房与城市发展部"宜居城市"项目（The Livable Cities Program）就提供与历史火车站再生直接相关的援助；其次，注重铁路遗产的整体保护，也体现在区域发展和公共服务中更重视与历史环境的和谐发展。

美国政府的经济援助有两种：一是经济补贴和政府贷款，这是一种较直接的经济政策；二是税务减免激励。后者发挥了更大的作用。

（1）直接拨款用于保护

联邦政府于 1976 年颁布《铁路振兴和管理改革法案》（"Railroad Revitalization and Regulatory Reform Act of 1976"），联邦铁路局

（Federal Railroad Administration）与美国国家铁路客运公司（Amtrak）共同为改善东北走廊沿线的线路和车站提供资金，将废弃客站改造为公民或文化活动中心或两者兼容。[5]1991年《多式联运地面运输效率法》（"The Intermodal Surface Transportation Efficiency Act"）划拨资金改善铁路客运服务。[6]该立法也促成密歇根州铁路保护信托基金（The Michigan State Trust for Rail Preservation）提供30万美元赠款。[7]此外，交通、社区和系统保护计（(Transportation，Community and Systems Protection，TCSP）等为现有铁路设施的升级改造提供资助。新墨西哥州拉斯克鲁塞斯站接受TCSP拨款187000美元以提升交通系统的效率并维持其寿命，从而避免了重复基础投资。

登录认定制度使得联邦、州和地方各级的资金拨款和税收优惠政策的实施更加精准，从而刺激当地经济，促进对低收入社区的投资。作为保护的实施主体，地方政府通过制定经济政策为铁路遗产保护和铁路旅游提供财政支持，鼓励城市设计、规划、文化设施和表演艺术等方面的发展，改善公共和社会服务设施以助力城市经济的发展，并激励公众参与，如"宜居城市"项目和社区发展集体拨款计划（Community Development Block Grant Scheme，CDBG）。

（2）间接杠杆鼓励再生

20世纪70年代，美国在城市规划中开始通过强化市场机制、转变投资环境来实现城市中心的重塑。[8]对历史遗产不仅限于挂牌封存，而是鼓励通过修复和功能置换来适应时代、焕发新生。联邦和州政府引入市场机制，颁布了一系列经济法案，利用杠杆作用吸引民间资本，为保护及重建历史遗迹、保护地区的文化特性等提供税收抵免。许多州都有保存和再利用历史车站的成功案例，如1969年，密歇根州安阿伯车站（Ann Arbor Depot）被改造为餐厅，圣路易斯终点站被改造为文化中心，林肯车站被改造为银行大楼，辛辛那提联合车站化身为博物馆。1974年，美国国会颁布《居住与社区发展法》（"Housing and Community

Development Act"），标志着政策从战后的大拆大建转变为鼓励旧建筑的适应性再利用，倡导"因历史、建筑、审美等原因，恢复、保存有特殊价值的财产"[9]。1976 年，《公共建筑合作利用法》（"Public Buildings Cooperative Use Act"）倡导遗产与商业、文化、娱乐、教育等设施和活动相结合[10]。1981 年，《经济复兴税收法》（"Economic Recovery Tax Act"）及后续激励政策进一步确立这一灵活的保护方式。同年，美国国会颁布了《联合车站再开发法案》（"Union Station Redevelopment Act of 1981"），鼓励商业利用。一系列法案保留了美国铁路遗产的文化脉络，吸引了开发商的关注，促进了保护团体和遗产所有者合作，知名建筑师也受邀参与保护和重建。

税收抵免优惠政策由国家公园局（NPS）和国税局(IRS)与州历史办公室（SHPO）合作实施。1976 年的《税务改革法》（"Tax Reform Act"）是美国利用经济杠杆保护遗产的首次尝试，而 1986 年的《经济复兴税收法（修正案）》明确对认证的遗产修复给予 20% 的税收抵免。并且已有超 1026.4 亿美元的私人投资被用于保护包括铁路遗产在内的 45383 处历史古迹[11]，激起遗产保护与利用的风潮。

税收抵免额度因州而异，弗吉尼亚州为遗产保护提供 25% 的贷款[12]，北卡罗来纳州对物业所有者提供 30% 的税收抵免，对有收入的房产提供 20% 的税收抵免。此外，北卡罗来纳州还为闲置铁路建筑的修复提供 30%—40% 的信贷。宾夕法尼亚车站的重建耗资 7000 万美元，其中 5000 万美元来自美国国家铁路客运公司的资助，1700 万美元来自私人投资和银行贷款，剩余 300 万美元来自州税收抵免。[13] 美国国家铁路客运公司项目经理布莱恩·泰勒（Brian Taylor）说："我们对车站共同愿景是，以宾州车站为核心，促进充满活力的、多用途的、公交导向的发展。"不过探索并非都是顺利的，密歇根车站数十年间几易其主，才得以功能匹配，2018 年交由福特公司改造为研发中心。

（3）多元化的改造对象

美国历史并不悠久，文化底蕴相对欠缺，但自然资源丰富，因此遗产保护更具务实性和前瞻性。废弃铁路廊道是铁路遗产线状文化资源的重要组成部分，比单一车站建筑经济价值更大。铁路线路不仅串联沿线建筑与设施，还是区域间沟通交流的纽带，因此铁路建筑遗产的保护也拓展到全线规划，旨在激活或重建整个铁路活力网络。例如，亚特兰大环线改造项目将交通枢纽、经济商务区和步道公园融合在一起，不仅整合文化与自然遗产，还利用旧铁轨和废弃的工业用地，构建现代的轨道交通系统和多样的城市空间，提升了居民生活品质。

美国对废弃铁路轨道的保护也颇有成效。从 20 世纪 60 年代的铁路业下滑开始，到 1990 年，全国铁路总里程已缩减至 141000 英里。铁路公司拆除无利可图线路的铁轨和枕木，变卖资产或交由相邻土地所有者认领。为化解国家铁路廊道的碎片化风险[14]，1980 年，国会通过《斯塔格斯铁路法》（"Staggers Rail Act"），大幅放宽了对陷入困境的铁路行业的管制，并允许放弃无利可图的铁路线，"铁路转游径"运动（Rails-To-Trails）正式开启。1983 年，国会通过《轨道储存法案》（"Rail-Banking Act"），解决了废弃轨道再利用的权属问题，帮助铁路公司保留了未来的道路通行权（Rights-Of-Way），允许将一些废弃多年的轨道临时改变为游憩、慢跑等线性游径（Trails），铁路公司因而能够避免承担巨额的铁路设施维护费用。此外，游径也避免了永久性建筑结构的出现，将来还可将其恢复为铁路。2005 年，联邦地面运输委员会（Surface Transportation Board，STB）据此为高线铁路签署"暂时游径使用"（Intrim Trail Use）文件，为城市废弃铁路改造为公共绿地打开方便之门[15]，带动了费城、芝加哥等城市废弃铁路的改造。

（4）务实的再利用策略

被登录的铁路遗产享受经济政策红利，且登录对私人业主产权限制不多，具体保护规程来自地方层面。因此，业主在利用方式上力求节省开支，获得经济收益。由于铁路遗产类型多样，站房和沿线设施、构筑物等没有统一的保护模式，因此，采用何种再生形式多须结合当地的经济、社会和文化进行综合、具体的论证。高线公园的功能转化和改造，先由区规划事务所（Regional Planning Association, RPA）研究线路的处置方式[16]，详细调研本地区的历史遗产再利用现状、市民的文化兴趣及区域内同类型功能空间的分布密度等现实要素[17]，再由"公共空间设计信托"（Design Trust for Public Space）对改造方案进行可行性论证。让保护不流于理论，真正落实到本地区的经济现实中[18]，正如美国国家铁路客运公司官网所描述的，"适应性再利用可以吸引未来几年的投资回报"。

（5）经济刺激下的民间保护

与西方建筑遗产保护从早期民间精英保护，到政府法律介入，再到公私合作、中央与地方关联的伙伴关系机制的历程有所不同，美国经历了民间—政府—民间的保护过程。一方面，政府有意识地长期缺席，将保护职责推向民间；另一方面，美国宪法保护私人产权，政府难以实施绝对的控制和保护，从而形成民间力量自下而上的主导模式。这一历程也是对象、目标、方法不断定义与调整的结果。

美国民间参与铁路遗产保护具有以下特点：一是参与程度广，从资金筹集、技术路线制定与实施，到保护行为规范管理，全面支持铁路遗产保护；二是基于社区文化认同，民间保护带有地域和文化特征；三是私有业主在保护过程中，为寻求经济利益会将铁路遗产再利用或转让。

民间诉求经济利益和社区文化建构，官方诉求城市更新和经济发展，二者通过铁路遗产再利用达成一致，并成功保护了铁路遗产。

4. 局限性

（1）缺少对私人所有者的限制

虽然拥有较为完整的遗产保护体系，但美国在遗产登录方面并未形成绝对的把控。联邦、州层级的历史遗迹登录更多被视为一种荣誉，相比英国《城乡规划法》（"Town and Country Planning Act"）对登录文物的严苛审批流程，美国的相关法律条文相对宽松，由地方政府制定详细的保护导则，实施的措施更具灵活性，因而对私人所有者缺少必要的法律限制。纳什维尔联合车站于 1975 年被列为登录建筑，这座具有罗马复兴时期建筑风格的车站是当时美国最大的单跨度山形屋顶结构建筑。[19]1986 年，私人投资者把车站改为旅馆，后因经营不善破产。1996 年，一场大火烧毁了车站旅馆和附属建筑，车站区域被改造成停车场。2000 年，停车场被认定为不安全建筑，并于次年被拆除。2003 年 7 月，纳什维尔联合车站的国家登录认定被撤销。[20] [21]

（2）资金来源不稳定

相比英法等国，美国铁路遗产保护资金来源不稳定，这使得能够顺利匹配其功能的铁路遗产较少，而多渠道的民间资金支持是把双刃剑。例如，密歇根车站于 1988 年停止运营，其间美国国家铁路客运公司、莫伦家族先后接手，但均苦于缺乏稳定的资金支持，一直处于荒废状态，直至 2018 年福特公司接手。

（3）过分注重经济利益

因自身情况不同，故每座车站的保护和改造升级方式各不相同。又因受经济利益驱使，许多车站在保护和改造过程中更注重功能实用性和空间使用的世俗化，倾向于将空间用于餐厅、商店、办公室等可盈利的场地租赁。在奥格登车站改造中，大厅等高大开阔的优质空间被用作婚典租赁等商业活动，展览空间则置于相对低矮的侧厅。

参考文献

[1] Peter Burman， Michael Stratton. Conserving the Railway Heritage[M]. Taylor & Francis， 1997.

[2] Wikipedia Contributors. History of Rail Transportation in the United States [EB/OL]. Wikipedia， The Free Encyclopedia， https://en.wikipedia.org/wiki/

History_of_rail_transportation_in_the_United_States.

[3] Paul Kaplan. New York's Original Penn Station: The Rise and Tragic Fall of an American Landmark[M]. The History Press Charleston, 2018.

[4] National Park Service. national_register_listed_20210214[DB/OL].https://www.nps.gov/subjects/nationalregister/database-research.htm,2021.

[5] The U.S. Congress. Railroad Revitalization and Regulatory Reform Act[S].1976.

[6] The 102nd United States Congress. The Intermodal Surface Transportation Efficiency Act. [S].Public Law,1991:102-240.

[7] Railroad Preservation and ISTEA: Are You on Board？ [J/OL] Railway Preservation News, http://www.rypn.org/editorials/single.php？filename=041127031441.txt,2001.

[8] American Heritage Society. American Heritage Society's Americana[M]. American Magazine, 1979:92

[9] The 93rd United States Congress[S]. Housing and Community Development Act,1974.

[10] The 94rd United States Congress[S]. Public Buildings Cooperative Use Act [S],1976.

[11] National Park Service. Historic Preservation Tax Incentives[S]. US Department of the Interior, Technical Preservation Services, 2009.

[12] Financial Incentives Guide—Putting Virginia's Historic Resources to Work [EB/OL]. https://www.dhr.virginia.gov/pdf_files/fig.pdf.

[13] Evan Greenberg. Penn Station Renovation Secures Crucial Funding from State Tax Credit [J/OL]. Baltimore, https://www.baltimoremagazine.com/section/businessdevelopment/penn-station-renovation-secures-crucial-funding-from-state-tax-credit/？ fbclid=IwAR1wKVFburoMqbCYmhbxFaIy91ifdjcCQ-G7PXdNdQ0-ITiwmJcI5Ijw7as,2020(7).

[14] Wikipedia Contributors. Abandoned Railway [DB/OL]. Wikipedia, The Free Encyclopedia, https://en.wikipedia.org/w/index.php？ title=Abandoned_railway&oldid=1041066047,2021-08-28.

[15] 董一平, 侯斌超. 美国工业建筑遗产保护与再生的语境转换与模式研究：以"高线"铁路为例 [J]. 城市建筑, 2013(5)：25-30.

[16] Jeffrey Zupan. How the High Line avoided death [EB/OL]. http://www.rpa.org,2011-08-11.

[17] 邓元媛，卓轩，常江. 景观视域下城市工业遗产地价值评估研究 [J]. 中国园林,

2017, 33(11): 93—98.

[18] Joshua David. Reclaiming the High Line, Design Trust for Public Space, Friend of High Line, New York [EB/OL].http://www.designtrust. org/pubs/01_ Reclaiming_High_Line. Pdf,2002.

[19] Wikipedia Contributors. Union Station (Nashville) [DB/OL]. Wikipedia, The Free Encyclopedia, https://en.wikipedia.org/wiki/Union_Station_ (Nashville),2021—09—16.

[20] National Historic Landmarks Program. "Withdrawal of National Historic Landmark Designation: Nashville Union Station and Trainshed" [J]. National Park Service, 2003.

[21] Amtrak. Protecting and Promoting Rail Stations Through Historic Designation Programs[J]. Great American Stations, 2009.

老旧小区改造中，一种"对老年人友好"的加装电梯方式

吴正旺（华侨大学建筑学院建筑系主任、教授、博士生导师）

老旧小区改造已列入国家第十四个五年规划及 2035 年远景目标。"十四五"期间，我国将基本完成 2000 年底前建成的 21.9 万个老旧小区的改造工作。2019—2020 年，全国分别改造老旧小区 1.9 万个、3.9 万个，2021 年计划改造 5.3 万个。在这些改造中，加装电梯是重要内容之一，老年人是主要服务对象。

在老旧小区改造中，加装电梯极大地改善了居民日常出行的便利性。但对于"悬空老人"，由于大部分加装电梯未能在入户层标高停靠，并未彻底解决其出行难问题。特别是在突发急病、灾难等紧急情况时，存在不少隐患。针对主要几种户型特点，应探索将加装电梯与既有楼梯分离的设计，利用南向阳台入户，形成"电梯厅→入户阳台→客厅→生活空间"的流线。分析表明，这一方式实现了平进平出，施工、结构、电梯基础等方面均具备可行性，对老年人较友好，但也存在对晾晒衣物有一定影响、地面须增加出入口等不足。在老旧小区改造中，探索对老年人更加友好的加装电梯方式，对推进老旧小区提质改造具有重要意义。

1. 老旧小区改造中的加装电梯现状

我国现有大量老年人居住在没有电梯的老旧小区住宅中。以上海为例，在 2019 年统计的户籍人口中，60 岁及以上老人有 518 万人。其中，

住在 3 层以上没有电梯的超过 100 万人。在北京，在相当一部分老旧小区中，60 岁及以上的老年人口占比超过 50%。他们中的许多人因年事已高或身患疾病而无法行走，成为上下楼都难的"悬空老人"。事实上，对香港、青岛及北京等地的相关研究表明，老年人的出行需求几乎和年轻人一样多。在老旧小区改造中，加装电梯是解决老年人出行难的主要途径。截至 2018 年底，全国老旧小区加装电梯已完成约 1 万台，正在施工和立项的有 1 万多台。

目前，在老旧小区改造中，加装电梯主要有两种方式：一是在住宅外部加装电梯，这种方式在已经实施的案例中占大部分。特别是对于小进深、大面宽的住宅而言，由于其天然采光相对较好，因此对这一方式的接受度较高。其缺点是电梯厅与住宅入户门之间有半层高差，这给老年人带来诸多不便（见图 38 左、中）。二是将加装电梯置于住宅内部，停靠标高与入户门衔接，平进平出。如北京紫竹院路 100 号院军乐团小区，其家属楼在改造中拆除了原楼梯，将电梯增设在中心位置，在电梯外重建楼梯。加装的内置电梯可直达住户层，通行无碍，且对日照影响小。但这一方式在施工期间需拆除原楼梯并搭建临时楼梯，以解决住户的日常出行问题。此外，施工作业面狭小、噪声及振动大、电梯井基础可能导致的不均匀沉降等也是必须克服的问题。由于这种改造方式对住宅平面的改动较大，可

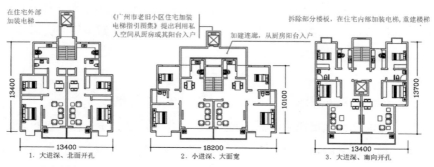

图 38 现有几种老旧小区住宅标准层加装电梯平面示意图

能存在结构安全隐患，同时伴随工程量增加、资金筹措困难等问题，因此，在实际改造中较少采用（见图 38 右）。

上述两种方式明显提升了老旧小区的居住便利性，改善了居民生活品质。但对于老年人还不够友好：第一，并未彻底解决上下楼梯困难的问题。在大部分案例中，老年人仍须步行半层入户。在对北京毛纺北小区进行改造后，评估结果显示，由于电梯非平层入户，使用不便，不能完全解决出行难问题，直接导致用户不满意度上升。第二，非平层入户，在火灾、急救、地震等紧急情况下，对需要使用担架、轮椅的老年人仍存在着许多不便。第三，加装电梯后，对原有楼梯平台的使用造成了一些不便，尤其是在上下班高峰期，上下班人流与老年人买菜、晨练活动交织，易发生干扰。第四，为实现平层入户，2020 年，《广州市老旧小区住宅加装电梯指引图集》从规划管理角度提出利用私人空间入户，但此方案中的加装电梯仍与楼梯结构相连，因此不得不从厨房（或厨房阳台）入户，导致建筑面积增加较多，厨房及楼梯采光通风条件受影响，故而很难获得住户及主管部门的认同（见图 38 中）。

发达国家非常重视对老旧小区的改造。以欧洲为例，居住建筑中存在的台阶、楼梯、狭窄的门等环境障碍，都被认为会对老年人的生活造成各种影响。在欧洲对相关建筑进行的评估中，尤其关注楼梯和门槛等对老年人不友好的设施，只有 27% 的住宅被居民评估为易于到达，其余均须改造。2016 年，日本共有 1600 个老旧小区。在东京都的花田、高岛平两个老旧小区的改造中，为增强适老性，在楼梯间旁边单独设置电梯间，确保电梯在每层楼停靠，实现平层入户。

2. 在老旧小区改造中，一种"对老年人友好"的加装电梯方式

加装电梯未能直达入户层，是对老年人不友好的关键因素。极少数案例中，虽然尝试将加装电梯置于住宅内部，或从厨房入户，但这些方案的实施难度太大。是否有一种新的方式，能够在造价相当、施工便捷的前提下，

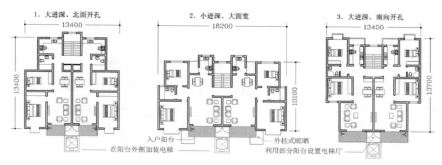

图 39 对老年人友好的加装电梯方式示意图

较好地解决上述问题？是否存在其他加装电梯的方式，既能满足老年人的需求，又不对住宅的基本功能造成不利影响？为回答这一问题，本文以老旧小区中的几种常见户型（见图 38）为例，尝试将加装电梯与楼梯分离，利用南向阳台设置电梯厅，在阳台外侧加装电梯，以彻底解决现有改造中"悬空老人"出入的难题。

（1）加装电梯可与既有楼梯分离

现有老旧小区改造中，加装电梯大多与楼梯紧密结合，其主要优点是：其一，经济性与可行性高。通过在楼梯平台外侧就近设置电梯厅，节约造价。电梯基础相对独立、改造难度较低，也能减少对邻近住户天然采光的不良影响。其二，便于日常使用。以厦门市福南小区为例，从 2014 年到 2019 年，该小区全部住宅都加装了电梯。居民既可选择等候电梯，也可以选择走楼梯，特别是在上下班高峰期，这种多重选项具有一定意义。

但从居民角度看，上述做法也会带来一些难以忽视的不足：第一，未能彻底解决老年人的出入困难。加装电梯未实现平层入户，居民使用不便（见图 38 左、中）。第二，内置电梯方案实施难度太大，从厨房入户居民难以接受。内置电梯在造价、施工、安全性等方面均不理想（见图 38 右）。而从厨房入户使用不便，接受度低（见图 38 中）。

将加装电梯与既有楼梯分离，在南向的阳台安排电梯、电梯厅、入户门等空间（见图 39），其合理性可以与现有加装电梯做法进行比较，从天然采光、日常使用、标高、造价及施工等四个方面分析：第一、天然采光。现有的加装方案会对邻近电梯的厨房的天然采光产生不利影响，特别是对低层用户的影响较大。而在阳台加装电梯的方案，虽然也会对客厅的采光造成影响，但由于客厅采光面积通常较大，且加装电梯主要依托既有的墙体设置电梯厅，加之客厅是朝南的，因此该方案对天然采光的影响尚可接受。特别是对小进深、大面宽的住宅，其影响相对更小一些（见图 39 中）。第二、老年人对电梯的日常使用相对独立。利用阳台加装电梯，在日常使用中可将老年人与年轻人使用流线相对分离。即老年人主要利用加装电梯上下楼，而年轻人则可利用楼梯及电梯，在早晚高峰时段可能倾向使用楼梯。第三、电梯厅与入户层的标高。通过在阳台加装电梯，其电梯厅标高与阳台相同，这一设计彻底解决了既有加装电梯还须上下半层才能到达入户层的不足。第四、造价及施工。从工程量、施工难度以及电梯基础设施等方面看，利用阳台加装电梯的方案与既有外挂方式没有根本不同（见图 39）。

（2）加装电梯与楼梯分离的地面层设计

将加装电梯与楼梯分离，会给住宅地面层的出入口设计带来一些变化：第一，需要为加装电梯增加 1 个单独出入口。这样，位于 1、2 层等低层的居民，或 3 层以上的年轻人，可从楼梯进出；老年人以及不便爬楼梯的残疾人，可从南面电梯进出。此外，从锻炼身体的角度出发，人们也可以选择从楼梯上，从电梯下。第二，此改动会对地面层住户的景观视野产生一定影响。特别是对大进深、小面宽且北面开孔的户型，其影响更大一些。但对于大进深、小面宽且南面开孔的户型，由于开孔处往往留有绿地空间，因此影响会小一些。第三，在楼梯侧加装电梯，会对原有人流产生一定影响。以大进深、小面宽户型为例（见图 40 左），加装电梯后，原有入口处被电梯占用，导致人流不得不分为左右两侧进入，形成"之"字形，这对搬运较大尺寸的家具、无障碍通行以及视线遮挡都有一定影响。

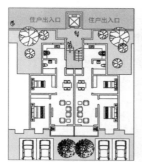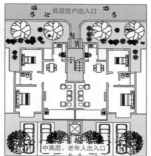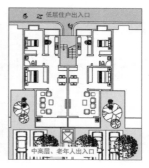

图 40 "对老年人友好"的加装电梯方案与现有方案的地面层改造对比示意图

第四，加装电梯与楼梯分离，能减少对道路的占用。在住宅绿地规划时，考虑到日照的分布，南面邻建筑的场地常常用于布置绿地，而北面邻建筑的场地则较少用于绿化。因此，道路往往靠近住宅北面，与楼梯相连。在楼梯侧加装电梯，要满足电梯厅、轿厢等设施的尺寸要求，因此整体尺寸可能大于 4.5 米，很可能会占用部分道路空间（见图 40 左）。相比之下，如果在阳台侧加装电梯，则可避免这一问题（见图 40 中、右）。

（3）加装"对老年人友好"的电梯后，住宅户内的使用流线对比

与既有加装电梯方案相比，利用阳台加装电梯后，相关住宅户内的使用流线可能会产生以下变化：第一，每户住宅均有两个出入口，即楼梯和电梯。针对各户人口构成的差异，这两个出入口的使用情况有所不同。第二，原有以晾晒、观景为主要功能的阳台转变为入户阳台，晾晒活动将受到一定影响。第三，对于家庭主妇而言，从入户门到厨房的距离有所增加。但对于会客接待而言，入户即进入客厅，较为便捷。事实上，近年来一些颇受市场欢迎的大进深商品房，其户型与本方案有相似之处（见图 41）。

（4）将卧室改为客厅，加装"对老年人友好"的电梯

为节约用地，在南方地区的老旧小区中还存在一种常见户型，其进深常常在 14 米以上，为解决中部房间的天然采光及通风问题，该户型在平

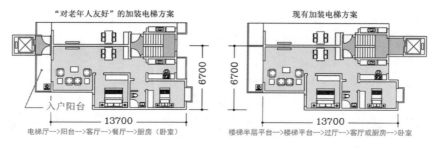

图 41　"对老年人友好"的加装电梯方案与现有方案的流线对比

面上南向设计开孔，形成凹口。这种户型在平面上分为三部分：南部为卧室及书房，中部为客厅，北部为厨房、餐厅及次卧室。针对这一类户型，可以根据实际户型布局，在分户墙位置上加装电梯，并避免遮挡书房的天然采光。

　　仍以厦门市福南小区为例，该小区户型进深较大，客厅位于中部，南向往往布置卧室或书房。现有加装电梯的方法仍是在楼梯侧，其优缺点和前文所述相似（见图 42 右）。但如欲改善其对老年人的友好度，则需要对室内做若干改变：首先，对于这类住宅，仍可将电梯紧贴阳台安装。利用既有阳台空间的一部分，并适当加建部分阳台，作为电梯厅及入户阳台。其次，套内流线有所变化。需要将原有卧室改为客厅，形成从电梯厅→入户阳台→客厅→走道→餐厅→厨房的流线关系（见图 42 左）。再次，各户建筑面积有所增减。加装电梯后，小户型阳台面积会减少约 1.9 平方米，大户型则会增加约 2.6 平方米，因此在改造中容易获得大户型居民的拥护，而小户型居民则需要进行适当补偿（见图 42 左）。最后，套内布局有所调整。较之现有方案，"对老年人友好"的加装电梯方案，其客厅的天然采光、景观视野得以改善。但套内增加了一条走道，虽然功能关系更合理一些，同时卫生间在视觉上的卫生情况也得以改善，但也存在客厅面积有所减少的不足。

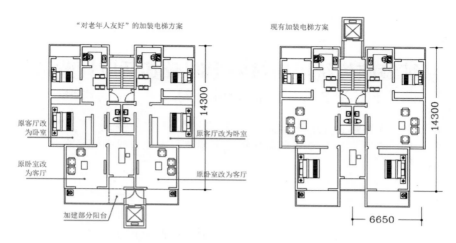

图42 客厅位于中部的老旧小区住宅加装电梯两种方案的对比示意图

3. 结论

从本案的几个户型的改造分析来看，利用阳台入户，采用"对老年人友好"的加装电梯方案具有较高的可行性。在上述几种典型户型中，这一方式能比较彻底地解决老年人出行难问题。该设想比较适用于以下情况：（1）户型较大，南面有2间房且设有阳台。（2）原有客厅位于南面，且有较大面积的天然采光，加装电梯后仍能保有较好的天然采光及景观视野。加装电梯后，动线设计为从加装电梯经过入户阳台后直接进入客厅。（3）如果朝南的是卧室，也可以考虑将其改为客厅，仍从阳台入户。

该设想的优点：一是比较彻底地解决了"悬空老人"出入不便的问题。二是对天然采光本来就不太好的北面房间影响很小。三是对低层住户影响减少，低层用户日常从北侧进入，中高层用户从南侧电梯进入，两条流线相互干扰少。四是原有卧室改为客厅使用，天然采光和景观视野有所改善。但该设想也有若干缺点：其一，对南面卧室的天然采光有一定影响。其二，在地面层，住宅南侧须增加一个出入口。其三，对于某些户型，会减少一定的阳台面积，并对晾晒衣物有一定影响。

嘉绒藏族传统民居挑厕形制及其适应性改造
——以丹巴县中路乡呷仁依村为例

曾　渊（贵州黔南科技学院讲师）
郭　龙（四川美术学院 建筑与环境艺术学院副教授、硕士研究生导师）

　　本文以四川省甘孜藏族自治州丹巴县嘉绒藏族传统民居挑厕改造为例，从建构形式、宗教信仰、生活方式、功能适应四个方面展开分析，总结其空间属性与居民生活方式之间的内在联系，进而提出适应性改造的可行性。希望在保留传统民居建筑形式的基础上，让居住者获得干净卫生的如厕环境，减少挑厕对当地人居生活环境造成的负面影响，为少数民族传统民居的现代化改造提供参考。

1. 嘉绒藏族挑厕产生的自然与人文背景

　　随着乡村居民经济收入的增加，一部分富裕起来的居民通过房屋重建来改善生活环境。但是，一方面，宽敞明亮的"小洋楼"破坏了和谐统一的传统乡村风貌；另一方面，并非所有居民都有经济实力重建自己的房屋，特别是对于地处山区的少数民族来说，其居住空间与精神生活密切相连。虽然传统民居在某些方面无法适应现代生活需求，但当地又缺乏整体重建的经济能力，因此，对原有民居进行适应性改造，成为提升乡村居民生活品质的重要手段。其中，厕所作为乡村日常生活空间的组成部分，影响着居住者的舒适度与生理健康，是衡量乡村人居环境品质的基础性指标之一。因此，对传统民居厕所进行适应性改造既是满足村民对生理卫生的需要，也是传统生活方式向现代化转型的必然选择。

图 43 嘉绒藏族民居建筑风貌与出挑空间（作者自摄）

（1）嘉绒藏族村落环境与民居建筑特征

中路乡位于四川省甘孜藏族自治州丹巴县，"中路"在藏语中的意思是"人神向往的地方"。此地平均海拔约 2300 米，保存着大量传统嘉绒藏族民居建筑。这些建筑背靠墨尔多神山，面向大渡河，错落地散布于山腰之间，极具神秘性与地域特色，也让此地拥有了"中国景观村落"的美誉。

中路乡是典型的嘉绒藏族村寨。嘉绒藏族是藏族的重要分支，以种植业和畜牧业为生，拥有独特而悠久的文化底蕴。这里的民居建筑在整体风格上沿袭了传统藏族建筑形式，又因地制宜地结合了中路乡的自然景观，集中反映了该地区的人文风土特征。其中，"挑厕"作为民居中最具特色的空间，其产生与当地的社会、文化、生活有着密切联系（见图 43），展现出了宗教信仰支配下的空间形式。

丹巴县中路乡嘉绒藏族传统民居建筑为石木混合多层结构，其空间布局与建筑形式深受宗教与地域文化影响。嘉绒传统民居与传统藏族民居在建筑形式上具有谱系关系，同时也有自身独特的地域与文化特性。嘉绒传统民居多为四层，主体为石木结构。居民以当地灰岩为主材，以黄泥为胶结材料，通过大小石块堆叠组合，层层垒砌，从而构成建筑主体。民居自第二层起开始出现外部悬挑结构，三层与顶层在南向留出晾晒粮食的平台，与之相邻的房间作为存储粮食的敞间使用。各层楼面及屋面则采用当地松柏原木作为水平承重构件，上覆树枝、稻草与泥土，形成厚实的楼面结构。建筑外部墙体则自地面起逐渐向上收分，形成3°至5°的梯形结构，在增加建筑稳定性的同时，形成敦实而挺拔的视觉效果。外墙整体涂刷当地产的白灰泥，屋顶下缘木板、窗户外缘及木质出挑部分则涂刷深色朱红矿物质浆料，与白色墙面形成鲜明对比，结合其他出挑部分，共同构成丰富的立面效果。

（2）宗教观念对挑厕的影响

民居内部功能完善，主要包括以火塘、起居为主的生活空间，煨桑、经堂等承载精神信仰的空间，以及牲畜间、储粮间、杂物间、厕所等辅助性空间。嘉绒藏族民众有着虔诚的宗教信仰，而"洁净观"便是其内容之一，集中反映在人们的日常生活方式与"内外之别"的空间秩序上。当地居民将日常生活区域视为内部空间，而将厕所这一被视为污秽排泄之处的空间通过悬挑结构安置于建筑外部，从而表达建筑主体"内与外"的区别。

嘉绒藏族民居的内部空间还有"圣俗之分"，即通过中心与边缘来构建空间秩序。经堂是居民日常生活的起点与终点，作为每日祷告的神圣空间而处于建筑的中心位置；挑厕作为世俗的象征，被安排在建筑的外部和边缘。两者在内部装饰上也形成强烈的反差，相比其他房间，经堂的装饰更为考究，而挑厕则是传统嘉绒藏族民居中最为简陋的空间（见图44）。

此外，藏传佛教有五谷轮回之说，因此在当地居民的观念中，一切都是循环往复、永不休止的。他们认为劳作所得的粮食被人食用、消化和排泄后，其粪便作为肥料，再次回归农田，滋养作物，以此循环往复，实现轮回。然而，从另一个角度来看，人排泄的粪便在藏族人民眼中，被视为是污秽的、不洁净的。由于男尊女卑的传统观念，当地男性很少参与粪便

图 44 民居建筑内部挑厕

（左图片来源：甘雨亮．马尔康茶堡河流域传统聚落研究 [D]．西南交通大学，2018：78．右图片来源：作者自摄）

的处理工作，一般由家中女性承担。

（3）日常生活与生产的需要

传统嘉绒藏族民居建筑的一层由厨房和火塘（客厅）构成，主要用于接待宾客；而部分建于坡地上的民居，在下坡处还建有牲畜圈舍。二层为卧室和经堂，三层及四层以晒台与储藏空间为主。中路乡嘉绒藏族居民大多以农业种植与牲畜养殖为主要的生计方式。在能源较为贫乏的丹巴地区，当地居民凭借长期积累的生存经验，掌握了高效的用能与储能方式。传统民居选址一般靠近农田，居民会在挑厕下方安置收集粪便的石缸（见图44），用于粪便的储存。当粪便达到一定量后，便会掏出并进行集中处理，最终与家畜的粪便一起作为农田的有机肥料。

2. 嘉绒藏族挑厕的空间形式与构造

（1）挑厕的位置选择

从建筑平面来看，厕所作为世俗且被视为污秽的场所，受宗教洁净观、空间观等因素的影响，其设置一般远离祭拜神灵的经堂。经堂是居民日常使用频率最高、停留时间最长的房间。为方便使用，挑厕往往被置于卧室走道外侧，经堂与挑厕中间有卧室相隔。经堂通常向阳，而挑厕则被安排在建筑的背阴面。此外，经堂也有置于顶层的情况，与厕所尽量隔开一段距离。从建筑立面来看，挑厕位于建筑外部，方便气味的散发，而卧室的窗户则开在另外一侧，避免了室内空气受到影响。在二层设置厕所同样方便居民对粪便的收集，且不用在一层下挖空间，同时也避免了如厕时被打扰的尴尬情况发生。然而，其弊端在于排泄物可能随风飞溅，污染环境，因此现在部分民居的挑厕已经开始安装竖向排污管道。

（2）挑厕的结构与形式

悬挑结构是中路乡嘉绒藏族民居建筑较为显著的特色之一。除卧室旁的出挑空间用作厕所外，其他出挑部分还具有储藏与收纳功能，用于存放牲畜饲料。在建筑结构上，上层出挑部分由下层主梁或密椽一端穿出墙体之外形成，上面铺设木板并铺装一层硬化后的黄泥。挑厕属于悬挑结构，其出挑尺寸必然受到出挑构件的制约。厕所和檐廊通过下方的木梁或檩条形成出挑，出挑尺寸受到梁檩截面与密度的限制，宽度往往在 0.8 米至 1.2 米之间，而长度则较为自由（见图 45）。出挑区域上部是相同结构的屋顶，起到遮挡雨水的作用。两层出挑之间的外缘借用竖向支撑的木柱相连，其

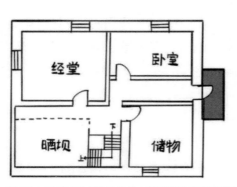

图 45 二层及三层民居平面（阴影部分为挑厕位置）（作者自绘）

间用木板进行封闭，以遮挡视线，从而形成整体的立面结构与视觉效果。挑厕下方放置 U 形木制漏斗，用以顺出粪便，掉向下方的石缸。

3. 嘉绒藏族挑厕面临的困境

（1）现代乡村旅游与传统挑厕功能的矛盾

随着现代乡村旅游的兴起，丹巴县近年来逐渐成为热门的乡村旅游目的地，旅游业的发展为当地带来了大量游客。传统嘉绒藏族民居基础设施较为落后的问题也随之凸显出来，厕所便是其中之一。自 2015 年起，国家旅游局连续发文倡导"厕所革命"，中路乡在进行过一轮"厕所革命"后，部分民居已经将厕所移至一楼或增建了户外厕所，旱厕也改为水冲方式。然而，仍有相当数量的老旧民居仍然保留并继续使用挑厕。

尽管挑厕作为嘉绒藏族居民日常使用的功能空间，可以满足游客的猎奇心理，但其简陋的条件无法满足游客的舒适性诉求。传统挑厕内既无盥洗与淋浴设施，也无水源，没有办法满足基本的洗漱与清洁需求。此前网络上也充斥着大量负面评价，如"风景很美，如厕很难""高空如厕时有凉风吹上来""宁可憋着也不进去"等。通过实地调研，笔者发现中路乡呷仁依村村内公共厕所较少，居民家庭中的厕所也几乎没有进行过现代化改造。如厕问题在一定程度上降低了人们对于丹巴乡村旅游的心理体验，并造成了负面影响。

（2）居民无序改建对传统挑厕风貌的破坏

长期以来，当地居民缺乏对乡村聚落环境以及传统民居价值的认知，导致许多具有典型历史价值、艺术价值与文化价值的民居建筑逐渐被废弃或拆除。除厕所外，传统嘉绒藏族民居自身在采光、保存、防水以及结构安全等方面面临诸多问题，这促使居民逐渐放弃传统建造方式，转而使用更加经济的现代材料以及可以进行大面积开窗的框架结构，而建筑外立面则直接采用水泥抹面或木板进行装饰。这些近年才开始出现的建筑形式是丹巴地区之前未曾有过的，传统民居形式与外观的陡然转换，也使得丹巴地区的村落风貌发生了较大的转变。

此外，传统民居的修缮需要大量资金，部分村民索性拆除老建筑，使用部分拆下来的材料进行重建。虽然新建民居仍然大致保留了传统民居的风貌，但在局部形式及细节处理上与原有民居相差较远。此外，随着收入的增加，当地居民对于生活舒适度有了更高的追求，生活观念也在发生变化。如果这一情况长期无法改善，传统村落景观必将消失殆尽，民居中的特色空间，如火塘、挑厕、粮仓等也将逐步消失。因此，传统嘉绒藏族民居的适应性改造势在必行，而挑厕则是其中的重要部分。

4. 嘉绒藏族挑厕的适应性改造策略

丹巴挑厕改造面临的主要问题是现代生活观念与传统建筑构造之间的矛盾，以及随着乡村旅游兴起后，城市游客对于舒适、卫生的要求。前者主要是居民生产、生活方式的提升，以及对居住环境要求的提升；而后者则是外来游客享受丹巴自然风光，以及体验传统嘉绒藏族居民的生活方式的需求。因此，在改造时应采取相适应的方式，增加现代生活所需的基本设施，并尽可能减少对原有建筑形制的破坏。

（1）功能空间的适应性改造原则

挑厕改造既要考虑经济成本，又要考虑居民使用时的便捷性与舒适性。特别针对那些具有民宿和接待功能的老旧民居，除具备基本的如厕功能外，洗漱与淋浴设施不可或缺。传统挑厕为旱厕，容易滋生细菌，造成污染。因而，传统挑厕的改造首先要建立完整的给水与封闭排污系统。现阶段，乡村给水问题已经解决，而排污系统却仍不完善。挑厕改造可以部分参照国家现行的《农村户厕卫生规范》（GB 19379–2012）进行改造，并结合挑厕结构和现状进行适当调整。一般情况下，乡村厕所由厕屋、便器和无害化处理设施三部分构成。厕屋可以在现有出挑空间的基础上进行改造，主要增加地面的硬化与防水；便器则要更换为更容易清洁的陶瓷冲水马桶或蹲便器；而无害化处理则需要增加竖向排污管道，以及封闭的三格一体化粪池。从外部形态上考虑，竖向排污管道可以通过内置或隐蔽处理减少对建筑外观的影响，而化粪池则需要通过下挖基础进行埋藏处理。此外，挑厕还应根据空间大小，增加简单的盥洗设施，方便如厕后的清洁。至于其他洗刷或淋浴功能，则可考虑在建筑主体内部通过改造来满足。

（2）日常生活的延续与精神生活的表达

挑厕作为嘉绒藏族传统民居的组成部分，有其独特的文化价值与使用价值，它是当地居民生活方式与价值观念的物质性显现，因而在某种程度上也是构成其旅游资源的重要内容。通过适应性改造，挑厕既可以延续当地居民的传统生活习惯，也可以让外来游客体验当地人文风情。同时，挑厕与经堂的空间位置凸显了藏传佛教中"洁净""轮回"与"圣俗二分"的思想观念，展现了在宗教信仰支配下的建筑空间形式，是精神生活与日常生活在居住空间中的完整展现。挑厕作为"脏""俗"与"轮回"观念链条上的一部分，如将其彻底取消，必然会潜在地弱化经堂的"洁净"与"神圣"性。由此可见，挑厕的存在不仅仅是满足如厕的功能性需要，也是当地居民精神生活的重要组成部分。因而在外部形式上，挑厕改造应遵循"改旧如旧"与"最小干预"的原则，保留原有主体木制建筑结构，并通过轻介入的改造方式，保留原有建筑特色。外部栏板和窗口进行适当的视线封闭，既防止窥视又抵御冬季冷风，从而增加如厕的安全感与舒适度。

（3）老年人群的人性化设计

调研发现，中路乡呷仁依村与我国众多乡村类似，同样面临青壮年人口流失、乡村留守老人逐渐增多的困境。传统民居挑厕的使用者多为留守老人，随着他们年龄的增加，身体机能开始退化，长时间蹲便后起身容易造成晕眩等情况，可见传统挑厕的蹲便方式已经不适合老年人。因此，挑厕后续的改造应考虑增加固定或可移动的坐便器具，以及方便抓握的扶手等安全设施，以提升老年人如厕的舒适性和安全性。同时，对地面重新进行硬化和防水处理时应选用防滑材料,以确保生活可以自理的老年人安全、独立地完成如厕行为。

5. 结语

总而言之,挑厕是传统嘉绒藏族居民日常生活与精神生活的重要组成部分,同时也是丹巴地区传统民居建筑的特色空间元素。其保存与改造不仅契合了居民生活的需要,也满足了不断发展的乡村旅游的需求。通过对挑厕的适应性改造,我们不仅可以调和传统生活方式与现代生活品质需求之间的矛盾,减轻村民对于老旧民居的排斥心理,还最大程度保留了原有民居建筑的整体性风貌。当然,也有另外一种可能,即从长久的发展来看,随着生活水平的提升,人们会逐渐改变现有的生活方式,并弃用挑厕这一独特的空间形式。然而,就当下来说,挑厕的适应性改造仍是一种既经济又实用的方式,它兼顾美观与形式的统一,并能提升居民如厕舒适度。

一个建筑师的《设计实录》

《建筑评论》编辑部

图46 参会人员合影

　　2023年10月14日，由北京市建筑设计研究院股份有限公司主办，《中国建筑文化遗产》《建筑评论》"两刊"编辑部承办的"建筑师'好设计'营造暨叶依谦《设计实录》分享座谈会"成功举办。来自全国各地的20余位建筑师齐聚北京建院，共同品评了建筑师叶依谦新近出版的《设计实录》一书。与会嘉宾既有叶依谦的恩师、院领导，也有为《设计实录》写序的院士，以及他在创作道路上的合作伙伴们（见图46）。

　　在长达四小时的座谈会中，与会嘉宾不仅评点、赞许了叶依谦的设计之路，还以《设计实录》为引子展开了话题研讨。这样跨代的建筑师们的学术交流在业界鲜见，也从侧面传达了《设计实录》内外的重要主题。有

图 47 《设计实录》书影

专家指出，《设计实录》已成为当代中国建筑创作的重要记录（见图 47）。清华大学建筑设计研究院首席总建筑师庄惟敏总结道，这次会议不仅仅是对一位建筑师的分析和评价，更重要的是，叶依谦成为一个榜样，让大家探讨了长期以来被忽视的问题，即今天的职业建筑师是如何培养出来的，叶依谦的职业生涯具有别样的示范意义。

张　宇（全国工程勘察设计大师、北京市建筑设计研究院股份有限公司总建筑师）

我们邀请到了北京建院内外德高望重的前辈大师、总师们，他们是扶植并指引叶依谦总建筑师创作成长道路上的恩师。《设计实录》看似是一本平实之书，但确是不凡之录，它展示了 74 年来在北京建院设计沃土滋养下，成长起来的执行总建筑师所秉持的工作精神与务实的职业素养;《设计实录》本身强调了建筑师"好设计"的理念。

金　磊（中国建筑学会建筑评论学术委员会副理事长、《中国建筑文化遗产》《建筑评论》"两刊"总编辑）

打开秋天的方式有很多，今天的《设计实录》座谈会，无疑为我们呈现出"万般世象阅中来"的意境。很荣幸在叶总的信任下，"两刊"编辑部成为《设计实录》的承编单位。编辑团队及天津大学出版社同人在编校过程中，对叶总精选的设计作品乃至文稿的精准把握颇为感慨;我也有幸以专业媒体人的视角写了一篇品评文章《求索一条设计之路》，收录在《设计实录》中。我一直认为有价值的书是文字之力量，能让更多的人"心中有光"，叶总的《设计实录》通过作品及创作者的语境对话，无疑为行业与社会贡献了类型多样的作品档案。

徐全胜（北京市建筑设计研究院股份有限公司党委书记、董事长、总建筑师）

今天是建筑界的盛会，我要感谢所有院内外的专家的到来，共同研讨建筑师"好设计"营造。在座的各位建筑师代表了新中国建筑界中最重要的几代人，聚集在这里是为了传承和创新。座谈会研讨重点是"好设计、好建造，好设计师，设计师的修养"，特别关注品质的提升。我们将通过自身实践、作品以及理论来回答这个问题。各位在座的建筑师都是"好设计"和"好营造"的典范，大家的作品是建筑，而大家的专业精神和职业素养更是青年建筑师学习的楷模。

当代建筑设计的原点可追溯到公元前二三十年建筑萌芽之初，那时已提出了兼顾实用和美观的理念，20 世纪 50 年代初，我国就坚持这个原则。同时，建筑设计是将直观感受与底线原则相结合，它不仅仅是一种技艺，也是一门学科，具备自己的美学原理、设计方法和理论体系。诸位建筑师是通过自身工程实践中的探索，逐渐升华到设计方法。很多院士和大师都致力于行业的发展，将技术创新提升到科学创新的层面，最终通过科学的创新试图对建筑学有所贡献。

叶依谦（北京市建筑设计研究院股份有限公司执行总建筑师、中国建筑学会建筑师分会秘书长）

我 1996 年从天津大学毕业，获得工学硕士学位。1996 年毕业之后，我被分配到北京建院，一直工作到现在。我工作的第一年跟随何玉如总建筑师，其中一半时间用于给张镈老总整理作品集。当时，我用很长时间做了建国饭店扩建方案，但这个方案没实施，饭店至今也没扩建。一年后，我被分配到第三设计所，1998 年，我跟着魏大中总建筑师一起参加国家大剧院第一轮国内竞赛，而后与柴总工作了几年。孟加拉国际会议中心是我跟柴总做的第一个项目。2005年，我响应北京建院号召组建工作室。从参加工作到现在27年，我做的项目近200个（含规划及未建成项目）。我们工作室以做科研、办公、教育几大类型的公共建筑为主，近年来也尝试拓展业务范畴，比如做城市设计与城市规划、城市更新、既有建筑改造项目等等。

谈到《设计实录》的出版，为什么叫"实录"呢？因为我选择的都是已建成或正在施工的建筑项目，规划和城市设计类项目没选入其中。在《设计实录》中，我写了关于设计思路的自述，重在系统性设计方法服务于人的理念，这是我的核心工作原则。再细分有四个方面：其一是系统设计，这与邵总提倡的整体创新一脉相承，建筑是由大系统到各种子系统构成的系统设计，对于建筑设计，不能单就某一方面，如艺术或者技术入手，而是有系统化的设计思路。其二是环境营造，这也是我近些年从空间营造逐渐体会到的，建筑不仅是简单的空间概念，更是在营造环境，从环境的角度讲也可分成物理环境、心理环境、数字环境等，包括从公共到私密的很多层级。其三是绿色设计，这是设计的价值取向。绿色设计是建筑设计的本体，不是简单的技术堆砌，一个好建筑应该是环境友好的，与人友好的。能够提供健康环境的绿色设计，包括自然采光、自然通风、环保建材、新能源等，这些都是绿色设计必要的元素。其四是全生命周期设计。最近，我对建筑全生命周期理解逐步深入，今天会场所处的C座楼是北京建院既有建筑改造的成功案例。这座楼是20世纪80年代建成的，最近几年做了改造。在我看来，建筑是有时间的，在有效生命周期内如何加以利用，如何改造，如何持续使用是我们需要思考和实践的问题。

马国馨（中国工程院院士、全国工程勘察设计大师、北京市建筑设计研究院股份有限公司顾问总建筑师）

我有幸为《设计实录》写序，这是一次宝贵的学习机会。通过这本书，借今天的"茶座"，我得出几点感悟：

首先，叶总是国企大型设计院总建筑师，其所处机构通常具有技术传统和不断传承的特点。我认为，并非仅小型事务所才能生存，国家需要各种规模的设计机构。我看《设计实录》后，对一代代的传承颇为感慨，从张镈、张开济这代建筑师开始，再到叶总这代，对大型设计院而言，技术传承和新人培养至关重要，使得机构能够保持旺盛的生命力并不断发展。

其次，叶总生活在一个充满机遇的时代，正值我国改革开放后建设蓬勃发展的时期。这一时期为建筑师提供了广阔的发展空间，大型设计机构也为他提供了优越的平台。

最后，建筑不仅是外观和空间的构建，它在为人类服务方面也具有重要作用。不同类型的建筑在社会中发挥不同作用，例如教育建筑为建筑师提供了独特的挑战和机会，这类建筑所涉及的指标严格，给建筑师提供了部分发挥空间，但学校本身是育人的，一代代学子、科学家、工程师从校园环境中走出来，人制造环境，环境也造就了人。从这个角度来看，在平凡之中又有不平凡的地方，叶总的《设计实录》是平实之书，不凡之录。

崔　恺（中国工程院院士、全国工程勘察设计大师、中国建筑设计研究院有限公司总建筑师）

叶依谦是天津大学建筑学院杰出校友，他的导师是著名教授邹德侬。谈及对叶总的认识，我不得不提及北京建院和中国院两家大型设计院，尤其北京建院，在北京首都创作语境下发挥了更大作用，我们常跟院里青年建筑师说，要向北京建院看齐，设计出有首都气派的作品。在北京，如果一位建筑师能够对北京的城市建设有历史性贡献，我觉得这是无上光荣。我们确实看到，北京建院从历史上到叶总这代设计师对北京城市建设的贡献，这是建筑师的光荣，我们很钦佩。

2022年底，我看到《设计实录》的书稿，细读了叶总的自述，一是他的作品很好，二是文章的文风好，他写出自己在北京建院的成长。大型设计院是个大课堂、大学校，大型设计院跟其他事务所不一样，我们是学出来的，而且是边学边干，从学生变成资深学生，再成为老师。一个国家能不能把整体的建筑水平提高，并不依赖于少量的明星建筑，而是依赖于系统性的建筑设计和建造水平的提升。读叶总的《设计实录》，我实际上看到的是一个标尺。建筑师通常喜欢做可以上秀场的"时装"，而叶总却可以扎扎实实地把西装裁剪好。我们对叶总的了解，还包括他的美学素养，这离不开天津大学建筑学院扎实的基本功训练。通过品读叶总的书以及聆听他的讲述，我深感《设计实录》在如何记录建筑创作，如何记录创作者的心路方面，确实为青年建筑师立起了标杆。

李存东（全国工程勘察设计大师、中国建筑学会秘书长）

2023年正值中国建筑学会成立70周年，活动比较多，尤其是新冠肺炎疫情后，围绕一个主题讨论行业的发展，无论圆桌形式，还是沙龙形式，都能更好地反映出行业关注的重点。叶总的作品以及《设计实录》座谈会，让我深感大型设计院学术活动对建筑设计行业的带动作用，我们应深入研讨、鼓励并支持更多这样的学术交流，以传承设计创作的坚守精神。如何真正提升中国建筑设计的地位，培养更多像叶总这样优秀的建筑师，并发挥社会作用，我们任重道远。

刘　力（全国工程勘察设计大师、北京市建筑设计研究院股份有限公司顾问总建筑师）

对叶依谦的评价可概括为三点。首先，他是一位追求唯美的建筑师。"唯美"这一描述来自崔愷院士的序言。如果仅从字面上理解，可能会让人误解成形式主义，但真正形成美要有一个过程，有一个追求，叶依谦做到了。其次，他是富有思想的建筑师，强调系统性和时间性在设计中的重要性，能综合考虑城市环境、功能、结构、绿色、环保和节能等因素。最后，他是坚持原则和底线的建筑师，不仅强调专业素养，还能有效沟通并尊重甲方的需求，最终确保作品符合客户期望。

何玉如（全国工程勘察设计大师、北京市建筑设计研究院股份有限公司顾问总建筑师）

叶总是我在担任北京建院院总时请他来院工作的，叶总来院的第一年，我们安排他整理张镈老总的资料，主要是想让他有机会亲自与张镈接触，把老一辈的优秀创作思想、设计技能等传承下来。正如他在书中说的："这难得的一年，收获颇丰，是终身受用的学习机会。"后来，他被分配到由魏大中总、柴裴义总带领的实力雄厚的第三设计所工作，很快在柴总的带领下，他参与了孟加拉国际会议中心、国际投资大厦等一系列大工程。其间还值得称赞的是，在怡海中学项目中，他从方案开始主持了初设、施工图，完成后主动要求亲自配合施工，现场跟踪，这样他很快就掌握了从主持方案、施工图设计、建筑施工直到建成的全过程。成立工作室后，他既是负责人，又是主创建筑师，带领团队共完成了200多项工程，令我们这一辈老建筑师们自愧不如。

叶总作品给我留下的突出的印象是功能合理，风格简洁大方，注重细节又耐人寻味，正所谓"得体"的好建筑，这对于主攻科研、办公教育类建筑的我们来说，尤其重要。叶总提出的多维度、系统性、环境营造、绿色、全生命周期等设计观，不同程度地体现在他的实践中，进而他总结了建筑的系统性和时间性。最后我想说，在我任北京建院院总期间，我最引以为豪的是把叶总请进了北京建院。

柴裴义（全国工程勘察设计大师、北京市建筑设计研究院股份有限公司顾问总建筑师）

叶总在北京建院第三设计所与我一起工作了七八年，给我留下了非常深刻的印象。他是一个非常有潜力、富有才华的建筑师。他跟我做第一个项目——孟加拉国际会议中心时，当时共有四个方案备选，我主推叶依谦方案，尤其他在两万平方米的空间内设计出三万平方米的功能，解决了很多问题。当时论资历，他还选不上项目的第二负责人，但在从设计方案到设计施工图的全过程中，我感觉到他是可塑之才，应该给他机会，让他独立完成。在国际投资大厦项目中，我们面临了一些问题，但最终我们重新制定了方案并中标，叶依谦在此项目中发挥了重要作用。随着他的工作室成立，他有了更多机会。叶依谦是一位全面发展的人才，他的设计风格现代、简洁、得体，没有受到过多的潮流影响。作为资深建筑师，我们强烈支持他，并希望他能继续前进。

黄星元（全国工程勘察设计大师、中国电子工程设计院顾问总建筑师）

首先，工作和生活充满趣味是叶总的特点。他激情，敬业，谦虚，而且有一项出色的爱好——电脑画。对他来说，工作中的趣味是最高的境界。其次，叶总既有天赋，又非常勤奋，而且以谦虚和与人为善的态度著称。他的交流方式让人感到轻松和愉快，互相尊重。再次，作为大型设计院的执行总建筑师，叶总肩负重大责任，必须领导设计团队完成众多重要项目。最后，本次会议主题是"好设计、好建筑"。建筑设计是建筑学的核心，他具备国际视野，能够与社会大众、建筑同人进行有效沟通，并在具体和抽象建筑美学之间建立连接，这是他的独特之处，这是一名建筑师的重要素养。

布正伟（中房集团资深总建筑师）

我阅读了叶依谦的《设计实录》，看到他 20 多年来，在教育 、科研、办公等公共与民用建筑领域，留下的一连串规划与设计的扎实脚印。他主持和参与过的工程设计和方案设计有 171 项，而这本厚达 523 页的专著精选了他的 29 项代表作品。通读全书，我最深的印象是"叶依谦是温文尔雅的，叶依谦的建筑也是温文尔雅的"，这就像关肇邺先生说的那样："'文如其人'，建筑也如其建筑师。" 如果要我评论他创作业绩的最大特点，我可以坦诚地说，叶依谦由青年步入中年这一时期，就获得了三个有影响力的大奖，但他从来没有想过要把建筑变成个人的纪念碑。

正是由于他始终用心地打造了每一项工程的建筑品质，这些作品才真正体现了他个人业绩的特点——"崇尚品质"。

为什么我会对其产生这样的印象和评价？部分源于马克思《1844年经济学哲学手稿》中的那个著名论断："美是人的本质力量对象化。"国内美学界主流认为，这是经过相当长时期以来历史实践检验的正确命题，对推动我国新实践美学的发展起了重要作用。在反复思量和琢磨中，我不断领会到，同时也体验到了建筑美的创造，是与人在精神层面具有的正能量即本质力量密不可分的。这其中便包括建筑师的哲学观、美学观、价值观等诸多建筑理论认知，以及由创作追求产生的设计理念、设计方法等。建筑作品具有的各种美，或者说建筑表现中展示的各种美——包括建筑自身品质的美——都是建筑师将上述自己具备的"本质力量"，人为地、有意识地注入建筑这一"对象"中的结果。为了印证这一点，我将收录在本专集中的29项代表作品，与叶依谦说的"最根本的设计观及其深化、拓展的四个方面——系统设计、环境营造、绿色设计和全生命周期设计"——进行了相互关联的对应比照和归纳，从而找到了叶总上述观点中隐含的妙处所在。他讲的"一观四聚焦"，恰恰勾勒出了"三个层级递升"的建筑品质生成机制体系：

第一，通过系统设计的概念性宽泛把控，赋予建筑以"真实"品质，远离造作、奢华与张扬。

第二，通过多向制导的空间环境营造，赋予建筑以"丰实"品质，远离枯燥、堆砌与守旧。

第三，通过全生命周期的务实性保障，赋予建筑以"坚实"品质，远离危建、失效与短命。

上述三个层级的建筑品质构成了一个相互依存、缺一不可的"铁三角"关系——以"真实"品质起步，以"坚实"品质善终。叶依谦迄今为止的创作实践证明了对建筑"真实""丰实"和"坚实"品质的认知与把控，是努力实现设计"完好度"与"完成度"的重要保证。

张伶伶（全国工程勘察设计大师、天作建筑研究院主持人）

叶总以其勤奋、踏实、严谨的工作态度给我留下深刻印象，他可谓新一代建筑师的杰出代表。当一本厚重的《设计实录》摆在我们面前时，令人感动，它虽然看似朴实，但收录的设计有追求、有品质、有技术。我相信好房子首先需要好设计，需要有出色的技术做保障。在叶总的建筑观中，我体会到几个关键点：

第一，建筑设计是综合性最强、复杂性最高的工作。第二，叶总谈到系统设计的重要性，系统设计也是必然选择，但并不是所有建筑师都能从系统角度思考问题。第三，对于环境营造，我认为从早期朴素的环境观到有意识的营造观，需要一个过程和体验。这个过程的选择是多元的、可逆的、反复的，既符合建筑设计规律本身，也符合国家不同时期的发展过程。第四，绿色设计问题需要从建筑设计的早期阶段就考虑。第五，叶总谈到全周期的问题，这是建筑师同行共同经历的过程。今天他的作品证实了这个问题，为我们提供了很好的启示。

邵韦平（全国工程勘察设计大师、北京市建筑设计研究院股份有限公司首席总建筑师）

其一，尽管我跟叶总在年龄上有差距，但我们是同时期成长的同事。叶总展现了卓越的职业素养、工程经验和美学基础，这使他能够高产高质地创作作品。其二，我们这一代人幸运地赶上了一个充满机会的时代，从入职以来，我们经历了不断持续、丰富的工程实践积累。叶总的作品回应了大型设计院在处理政府和机构需求的基建工程时所面临的挑战，即需要兼顾美学、创新、成本控制。其三，建筑学正朝着更科学、更理性但不失人文艺术的目标发展。我希望北京建院的新一代领军人物能不断总结成果，引领设计团队取得更大成就，为行业做出新贡献。

赵元超（全国工程勘察设计大师、中建西北建筑设计研究院首席总建筑师）

1985 年，我来北京建院实习，为学习软件曾住在北京建院地下室，北京建院在我心目中一直是高山仰止的存在，尤其是能拜会马院士等前辈建筑师，我倍感荣幸。我关注过叶总的作品，不仅是他的绘画，有一次在雁栖湖，我走到叶总设计的宾馆建筑前仔细品味，发现它低调但又耐人寻味。叶总是有理论、有实践、有情怀、有底线的设计师。该宾馆建筑虽没有造型曲线，但与自然和谐相处。我在北京长安街来回转，这条街上很多建筑也都出自叶总，叶总的低调和用心在他的作品中得以体现。在《设计实录》中，他强调了为社会提供产品的重要性，而不仅仅是追求自我表现，更展现了他作为大型设计院总建筑师的卓越姿态，传达了创新的现代精神。

崔　彤（全国工程勘察设计大师、中国中建设计研究院有限公司首席总建筑师）

我与叶总有多次交集，我们一起在伦敦工作过。他温文尔雅、谦和，却有极高的品味。叶总的绘画作品特别棒，但他并没有让他这些精致的绘画作品在建筑设计中随意彰显，恰恰相反，他将这些品质"润物细无声"地渗透到作品当中。总体来说，结合叶总的作品和"好设计、好作品"主题，我有几点体会：好的设计需要多维、广度和深度，以全域视角看问题。叶总在科学和艺术、理性和浪漫之间找到了平衡，呈现出逻辑清晰又正直的建筑作品。北京建院培养的建筑师给予社会的不仅是建筑物，更是全过程、整体式、系统的设计思维，这是大型设计院中一条不可多得的非常理性的求索之路。

陈　雄（全国工程勘察设计大师，广东省建筑设计研究院副院长、总建筑师）

赵元超在 1985 年来北京建院实习，而我则是在 1982 年参观实习，南礼士路 62 号给我留下深刻的印象。那时，北京建院的前辈为我们授课，这对我们来说是一种荣幸。实习期间，我们有机会参观了北京的"国庆十大工程"，还有亚运会场馆和首都国际机场 T2 航站楼的建设，这些经历给予了我们极大的启发。

好的设计和作品首先需要有出色的理念。除此之外，建筑师的技艺也至关重要，从设计理念到细节都能够完美表现。此外，我还注意到，叶总的工作室已发展壮大，目前有近 40 名成员，这种规模对于从设计方案到施工图的全面控制非常有战斗力，形成了一种良好的发展模式。另外，当前的建筑行业面临许多不确定性，也受到经济形势的挑战。对于国家发展来说，对好房子的标准可能更趋向于理性。《设计实录》中呈现的作品是实实在在的案例，为未来的设计思考提供了宝贵经验。好的设计是一个不断演进的过程。黄星元老师曾在一次座谈会上提到，中国好建筑的标准是"好用、好看"，后来又加上了"好建、好管"，合起来是"四好"，顺序不能颠倒，这一理念也深深启发了我。

桂学文（全国工程勘察设计大师、中南建筑设计院股份有限公司首席总建筑师）

北京建院是行业内的大型设计院，在 20 世纪八九十年代给我留下了深刻的印象，建筑师对建筑相关信息的认识有限，做设计前往往要先进行调研，我一有机会就来北京建院，北京建院的前辈建筑师总是毫无保留地进行介绍，令人感动与敬仰。对叶总的了解始于建筑，然后才慢慢熟悉他的其他方面。其一是对他作品的了解。例如北航新主楼，2003 年开始设计，2006 年建成并投入使用，建筑面积 22.65 万平方米。那时叶总很年轻，能有这样的机会做这样重要的项目，并且处理得那么成熟，非常了不起。

该建筑展现了全新的现代教学空间环境，体现了叶总说的系统性和整体性，既统一又有变化，既强调功能又强调体验，既平实又有气势。他一直在学校建筑、办公科研建筑方面深耕，他做的一系列建筑符合"好建筑、好设计"的特征，也体现了粗粮细做的特点。他在建筑的改造以及城市更新上也有成功实践。其二，作为执行总建筑师，叶总责任大，不仅要踏踏实实做作品，还要在行业和专业的建设、院里的管理工作等方面做相应的工作和贡献。其三，在为人处世方面，他非常低调、勤勉。作为北京建院新的领军人物，他用作品践行"好建筑、好设计"的理念，也不负大型设计院的使命，平实的建筑，不凡的设计。

张鹏举（全国工程勘察设计大师、内蒙古工业大学建筑学院院长）

在叶总的作品中，我们看到了一贯的高品质，同时也看到了他的不断转变。他在《设计实录》中并没有将自己局限于特定标签，而是展现了克制的创作态度。叶总归纳了四个重要的观点：首先，他强调"好设计"需要在场所、人的体验以及环境营造等方面具备出色的功力，而非仅仅注重外观。这代表着从形象到品质的转变。其次，他强调建筑是综合的，需要系统设计，包括场地、功能、气候、建筑等多个要素的有机整合，这需要耗费不少的精力。再次，在这一过程中，做到守正和创新的平衡是不容易的，特别是在大型设计机构和首都风范等要求严苛的环境中。最后，他强调在这一过程中需要严格控制成本，同时还要考虑持久品质、实用性、环境改善和系统优化，考虑整体和时间两个维度。

冯正功（全国工程勘察设计大师、中衡设计集团股份有限公司董事长、首席总建筑师）

与其说这是一次座谈会，我感觉更像是一堂非常生动的建筑理论课。我谈几点体会。其一，我与叶总是在一次去参加学术会议的飞机上相识的。飞机起飞平稳后，叶总就拿出电脑专心致志地画水彩。我初识他的第一印象是，他非常勤勉、严谨。随着后来的接触，我觉得他身上散发着与他的名字——"谦"相符的品质，这是从内心散发出来的一种谦虚。

今天听了叶总的成长过程，叶总是在星光照耀下成长起来的杰出建筑师。《设计实录》有一个很重要的特点是，其中讲述的项目规模大、功能复杂、科技含量高，但叶总采用了一种独特的方法，将高科技项目简化，以人为本，这是展现卓越设计的关键所在——怎样通过方法论和系统思维把科学和技术巧妙地在设计里展现出来。我最近从英国回来，注意到现代建筑越来越强调科学和技术性。好建筑必须兼顾科学、技术和艺术，关键在于叶总提倡的系统思维，将它们巧妙地结合起来，为未来的设计提供了支持。

申作伟（全国工程勘察设计大师、山东大卫国际建筑设计有限公司董事长、总建筑师）

我有四点想法。第一，实。叶总的实力和高尚的艺术修养是他的基础。他不仅做人谦逊，还在每个作品中展现出卓越的建筑才华。他的作品成为建筑院校学生和中小型设计院建筑师学习的典范。第二，多。《设计实录》中展示了众多精品工程，他创作了近 200 个卓越的作品，每一个都具有经典特质。第三，正。他的创作充满正能量。他将理性与浪漫相结合，始终从功能出发，追求建筑的本质。他的作品在功能性、合理性、经济性等方面表现出色。他强调系统性、功能合理、空间丰富、建筑简洁、现代化、细节精致、建筑技术和绿色生态。第四，新。他具备创新的职业素养，是年轻建筑师的标杆和引领者。

孙一民（全国工程勘察设计大师、华南理工大学建筑学院原院长）

说起北京建院，我心里充满了特别的情感，因为北京建院具有非凡的影响力。我刚上研究生的时候，因为是做体育建筑的，从 1986 年召开建筑专委会时，我就跟着导师来到这里。那时马总刚从日本回来，会议中间安排参观柴总做的中国国际展览中心建筑。北京建院的老总们周治良、刘开济、何玉如等都有代表性项目向我们讲授。北京建院对前辈建筑师特别尊重，印象中这里没有年龄限制，建筑师可以一直做设计。北京建院其实在技术与管理上代表中国建筑界一种标准。我希望叶总只是一个开始，还有那么多年轻人，他们应该不断输出，传承并保持鼎盛的状态，为设计行业带好头。

颜　俊（北京市建筑设计研究院股份有限公司副总经理）

我还在学校读书时，从杂志上看到叶总设计的孟加拉国际会议中心，令我印象深刻，感觉设计手法很大气，也很新颖。直到 2004 年到北京建院工作后，我才知道当时主创设计师这么年轻，后来了解到是叶总跟着柴裴义总做的设计。这么多年来，看到叶总创作能力持续精进，一直服务于北京建院，承接的项目多是来自在京各大型设计院校、各大企业等，叶总带领他的团队为它们量身定制一批优秀作品，在社会上取得非常好的反响。叶总的《设计实录》使我深刻感受到一种传承：北京建院以服务社会为宗旨，叶总作为现任执行总建筑师，传承了今天在座前辈建筑师的职业精神、原创热情以及理性设计创作观。

庄惟敏（中国工程院院士、全国工程勘察设计大师、清华大学建筑设计研究院首席总建筑师）

改革开放后，特别是和国外交流多了以后，建筑师主要分成几类：个体建筑师、实验建筑师以及体制内大型设计院建筑师。有时，一说到大型设计院建筑师，会感到一种失落，这种失落其实反映了整整一代人或者两代人对当今中国需要职业建筑师的一种思考上的困惑。比如做一个综合项目，要解决城市、交通、结构问题，甚至经济问题，以及各方面利益的平衡问题，这才是建筑师需要面对的复杂内容，当今社会要求建筑师提出全过程方案。

此外，职业建筑师的培养也与个人气质有关。我们带学生到欧美建筑设计事务所参观学习，看到西方的建筑师工作时西装革履，无论他们在绘图板上如何作图，绘图板都非常干净。这种氛围和条件对于培养具有高雅设计风格的学生至关重要。因此，气质的培养在职业建筑师的养成过程中同样重要。大家非常羡慕北京建院，北京建院作为大型设计院不仅起到了行业的引领作用，还是培养职业建筑师的沃土。

马国馨（中国工程院院士、全国工程勘察设计大师、北京市建筑设计研究院股份有限公司顾问总建筑师）

我有两点体会。其一，感谢大家对北京建院的溢美之词。市场经济环境下，全国各大型设计院都有很多自己拿手的东西，所以各大型设计院要做的一项工作是通过交流，在竞争的基础上，把建筑行业和建筑师这个职业推到社会上，让更多的人了解。其二，大家对叶总有很多肯定和希望。有时候我就想，过去讲一个设计院、一个工程、一个建筑师的成长离不开天时地利人和，但其实还有三条：人际关系、机遇和努力。这让我想起做第十一届亚运会项目时，北京建院做体育建筑的老专家太多了，我们提出要给青年建筑师一个机会，当时很多专家都特别支持，对于叶总今天的成长过程，我感同身受。

"韧性生存与建筑创作"学术论坛

《建筑评论》编辑部

2022 年 12 月 13 日下午，在深圳市南山区创新大厦华艺设计公司多功能厅举行"韧性生存与建筑创作"学术论坛。此次论坛由香港华艺设计顾问（深圳）有限公司主办，深圳市勘察设计行业协会建筑分会、女设计师分会协办。

本次论坛由华艺公司执行总建筑师、科技部总经理陈竹主持，并邀请了华中科技大学建筑与城市规划学院博士生导师汪原教授做学术指导。围绕"韧性生存与建筑创作"的主题，此次论坛活动邀请了高校著名学者、行业内知名设计师等三十多位专家同行同华艺建筑师们一起，共同探寻当下建筑创作的发展道路。

论坛活动由展览参观、主旨报告和学术对谈等环节组成，并通过华艺设计（HUAYI）、当代建筑（CA）、建筑技艺（AT）、友绿智库、慧智观察、方站（Cube Station）等学术平台，向建筑业内同行公开发布信息，并以线上直播和线下参会的方式同步进行。

作为主办单位，中海发展董事、科技管理部总经理、华艺副董事长李剑致欢迎词。主持人华艺公司执行总建筑师、科技部总经理陈竹做了论坛的主题解读。她从 2022 年社会环境变局出发，引入德国社会学家乌尔里希·贝克"风险社会"的概念，提出本次论坛的焦点问题：在步入"后工业社会"与"后疫情时代"，且未来不确定性加剧的情形下，当下的建筑师是否有勇气，如100年前的现代主义建筑先驱一样，把城市空间的创造当成疗愈社会的一种手段？同时，面对日趋激烈的市场竞争，怎样用专业的方式，抵御和防范环境风险？建构韧性城市、韧性设计，推动建筑学和建筑创作的发展？

黄捷从其团队近年的文化公共建筑创作出发，通过从宏大叙事到日常关注的转变，表达自身对城市日常生活与建筑关系的反思和感悟，呈现出与以往不同的个性与特色。他提出，设计作品应更加关注人在建筑中的活动和体验，尊重周边自然环境，修复场地与城市的联系，注重日常生活与建筑的关联性。当作为多功能活动场所的文化公共建筑成为市民生活中不可或缺的一部分，人与建筑在各个空间场景中尽情地交流和互动时，这样开放和"有温度"的建筑能够温暖市民的心灵。建筑创作将城市公共生活与复合多元的文化场所相互交融，使艺术通过这样一个转化器，融入人们的日常生活。

邱慧康首先通过横向对比国内外职业建筑师，反思我国快速城市化进程中所面临的"千篇一律""美感缺失"等问题并对此进行剖析。其次他以CUBE DESIGN近期在深圳设计的两个项目为例，讲述了两个故事。最后，他回顾了德国如Peter Behrens等老一辈建筑师们的建筑设计环境及背景，反思当前在中国建筑师需要回归建筑师的本源，并在共性中寻找差异的"甜蜜点"。

周劲先从凯文·林奇的五要素出发，揭示主体意识的人格结构，再从区域、市域到街区不同空间尺度展现城市布局的网络结构，最后从主体意识（人性）与客体环境（天性）的互动关系中，探寻在多维空间中营造韧性的方法和方式。

金磊认为"韧性生存"的议题是广义且前瞻的。他以韧性抵御城市未来风险为中心，提出应做好应对未来冲击的准备及开展复杂系统的城市设计的问题。他认为韧性建设需要建筑师和管理者回归自然，韧性理念建设要服务于安全减灾和应急管理；韧性理念的城市文脉传承要建立纠错机制等。金磊进一步提出，设计机构在风险与机遇下生存，离不开建立纠错与反省机制，要培育"温故而知新"的复盘能力，并创造集思广益的研讨交流机制。归纳三点认知：

其一，韧性建设要求建筑师与管理者放下对自然的傲慢态度，回归自然，历史上有许多人类向大自然寻求治愈的例子。其二，韧性理念建设要先服务于安全减灾和应急管理。与2022年《联合国气候变化框架公约》大会相呼应，世界多个研究机构的国际联盟，如《生物科学》与贝索斯地球基金会的评估报告称，地球正处于有记录以来的最极端的健康"亮红灯"状态。其三，韧性理念的城市文脉传承要与建立并实施纠错机制并举。1972年《世界遗产公约》中就已强调"文化的认同性是一种归属感，它是由城市体型环境的许多方面引起的，它们使我们想起当今的时代与历史的过去之间的联系"。我们既要保育有价值的旧建筑，也要使遗产、遗址得到活化和再利用。

高方明认为，与其说韧性来自创新，倒不如说其代表着建筑师专业的回归。他通过分享多个城市设计角度的商业街区案例，阐述建筑师在面对业主目标、政府诉求、市场需求、城市需求、用户需求之间的巨大矛盾时，应如何转换身份，重新观察，寻求合作共生，以做到知己知彼，主动用专业的力量做出回应，来推动复杂项目的发展。在充满不确定性的市场情况下，从任务书阶段开始，建筑师应积极介入项目全过程咨询，超越单纯的技术设计。韧性的实现来自于从单纯的 designer 回归到真正的 architect 身份，从内观和自省开始，迎接建筑师负责制的到来。

刘海力从图式再现的角度，对在高校工作室与综合设计机构这两个阶段中创作与实践的建筑案例进行分析。他探讨在当代多变的社会经济环境下，如何回归建筑内在本体，并从外在性条件中寻找激发形式，以生成动力的设计思路。他提倡以现代建筑的返"魅"，来抵抗匀质化的城市空间发展所造成的建筑多样性的减退与地域文化身份的缺失，在空间效率的生产与空间意义的生产之间寻找支点。

对谈环节由深圳市工程勘察设计大师、"童筑未来"儿童建筑教育创始人冯果川主持，深圳大学建筑与城市规划学院院长、特聘教授、博士生导师范悦，香港华艺设计顾问（深圳）有限公司总经理、设计总监、广东省工程勘察设计大师陈日飙，深圳市东方包豪斯建筑设计有限公司董事长曹汉平，深圳市建筑设计研究总院有限公司副总经理、执行总建筑师、广东省工程勘察设计大师杨旭，AECOM 中国区建筑设计副总裁钟兵，悉地国际设计顾问有限公司集团联席总裁、广东省工程勘察设计大师庄葵，华中科技大学建筑与城市规划学院教授、博士生导师、《新建筑》杂志社副主编汪原（线上），湖南大学建筑与规划学院教授、博士生导师、地方工作室主持建筑师魏春雨（线上），参与对谈（见图 48）。

魏春雨

韧性是指可以在受压下吸收能量的能力。深圳本身是一座非常具有韧性的城市，在高密度的城市空间中，在强大的商业逻辑的驱动下，它还能通过设计使城市保持一种适应性的状态，其实是很难得的。例如最近的校园"成长计划"、城中村的改造等活动，在城市发展和社会进步的层面都发挥了非常有价值的引领作用，乐观地预测，深圳将迎来一个更加多元、更有深度和更具微表情的时代。

范　悦

在当代社会经济环境中，建筑师不应仅仅是建筑形式的创造者，而更应该成为融合了多领域学科知识的环境体系的责任人，回到对生活本身的关注。以国内建筑教育所面临的问题为切入点，从一种反思和批判的视角，揭示当代社会中建筑行业的发展、建筑师的社会地位、设计研究本身，以及企业品牌文化吸引力所面临的困境与危机。

杨　旭

20 年来，建筑师这一职业的社会、经济地位发生了重大变化。在这种背景下，一方面，我们应该强调对学科自身的重视和回归，只有通过提高行业自身的水平才能获得相应的尊重；另一方面，我们应该多比较建筑学科之外的领域的发展状况，并从中汲取发展的动力。新一代年轻建筑师对设计追求的动机更加单纯，经过正确引导，他们将成为未来行业发展的重要力量。

钟　兵

关于韧性问题，我认为可从空间的韧性、时间的韧性、建筑师的韧性三个层面展开分析。事实上，城市发展速度的减缓，才使得建筑行业从非常态回归到了常态，所以我们应该从发展的和思辨的视角看待当代社会中的建筑人才培养问题、行业竞争问题、企业机制问题，以及市场需求端萎缩的问题，并从中找到未来城市发展和行业价值创造的新切入点。

庄　葵

建筑师角色正在发生变化。虽然建筑本身不能解决社会问题，但是由于建筑建立了实体空间与社会意识之间的联系，所以建筑可以成为一种解读和反思社会机制的手段与工具，从而对社会机制进行能动性的调节。另外，建筑与环境之间的关系，取决于建筑干预环境时的动机与目的。韧性是一种服务的连接，一种力量的传递，强调科技手段作为一种服务与力量，可以在建筑创作领域发挥积极的作用。

曹汉平

首先，我们处在一个不确定的时代，建筑师的职责是从无序中找有序，从不确定中找底层逻辑。面对战争、疫情等未知事件，我们应该以一种预见性的视角，从建筑设计层面出发，建立起可以应对未来不确定性灾难的预案。其次，鉴于建筑学科培养人才的知识结构特征，数字技术可以与建筑创作进行有效结合，从而发挥重要作用。

陈日飙

韧性是用来应对不确定性的，建筑设计工作的日常中充满了不确定性，这也使得建筑师必须具备职业的韧性特质。在当下和未来，企业与建筑师个人都需要不断洞察客户的新需求，驱动自身能力不断进化和迭代，以变应变。我相信，只要我们有足够的自信和定力，保持韧性的学习与进化，我们就可以穿越行业变化的周期，获得未来的"诗和远方"。

曹汉平

拓展更加广阔的设计领域是"韧性生存"的关键，它体现了弹性与前瞻性。建筑师的知识结构与工作性质使得这个群体的职业范围有着较大的拓展空间。第一，建筑师可以在设计行业的上下游发展，进行甲乙方的角色转换。从前期的策划定位到后期的建造工艺的优化与管理，都是建筑师可以涉足的专业领域。第二，建筑师可以在数字化时代横向拓展。建筑师为人类生活与工作方式塑造空间。随着元宇宙时代的到来，人类的生活方式与工作模式将会发生变化，我们塑造的空间形态将会随之变化，建筑设计行业的组织架构、工作模式也会随之变化。在元宇宙技术的支持下，大家可以待在地球的任何角落，在共同的虚拟平台上分工合作；个体也可以更加自由地生活与工作。第三，数字产品的价值正在逐步显现，其建构的虚拟空间本身已经具有独立的价值。我们正在建立的数字孪生城市，都是数字产品服务于实体城市的例子。

丁　荣

全球已进入新兴的韧性时代。中国作为后发展起来的国家，在韧性基础设施建设方面已经与世界站在了同一起跑线上。

欧博设计一直在尝试用生态学去影响城市秩序，让景观设计策略走在规划的前面，让景观的建构与建筑形态产生关联。景观不再是都市主义形式化模型，而是一个时间模型。在这个过程中，景观与城市建筑一起，与自然气候和谐共生，平衡地球能量，并创造"韧性"城市的新美学。

我们已经看到城市的公园成为城市绿肺和避难场所；城市排污的河道成为城市景观系统的骨架，绿道和碧道串联起山水和城市；街道空间通过景观的二层连廊系统从多维度与建筑发生关联，去响应气候变化和改善人车交通。景观与建筑相互渗透，越来越成为空间生成的逻辑。以景观为主导的韧性设计已在深圳前海、超总、后海等重要新兴城市 CBD 展开。

冯果川

如何发挥建筑设计行业的韧性，这个问题可以让我们重新思考行业的意义，而不要仅局限在设计新建建筑。通过关注和思考建筑，我们理解人如何在空间和时间中生存。人类的生存有着很大的韧性，我们不仅有肉身，也有虚拟世界中的身体，肉身的需求正在被迅速膨胀的虚拟身体所替代。未来，肉身和虚拟身体如何共同生活？建筑学的视野可以随着人类生存状态的变化而演进。建筑设计可以超越表面的职业设定，去探索空间、社会、生活、身份等更宽广的问题。我们的设计不再局限于钢筋混凝土的建筑，而是涉及实体和虚拟空间中的关系。建筑学有着别的学科少有的综合性，编织出我们与世界的新关系，创造出新的生活方式、生活疆界。不再只设计新的建筑物了。

王君友

行业发展充满不确定性的当下，建筑师如何理性地寻找创作的力量和方向，需要我们有不惧风浪的韧性。韧性源于生存的本能，韧性关乎生存，韧性也关乎成长。

首先，要转变思路。当下的行业生存法则变了，作为建筑师，不仅仅是简单的设计产品，同时也需要更多的理性思维，更多的客户思维，要一切围绕客户需求，站在客户的角度解决问题，正如贝聿铭说的"伟大的艺术家需要伟大的客户"，建筑师要具备在项目中不断切换角色和身份的能力。

其次，要懂得适者生存的自然法则。疫情之下，行行都在卷，处处都作难，人人都在熬，风雨交加是行业的新常态。在增量市场下滑的情况下，建筑创作的存量时代才刚刚开始。未来更多小而美的项目，会给建筑师提供更多创作实践的机会。

再次，建筑师要苦练内功、持续学习，要让自己与众不同，选择适合自己的赛道，做精做强。比如商业空间、文旅街区等业态的项目，需要更专业的建筑师施展其美学、哲学、室内设计、景观设计、策划等多方面的才艺，走出不同于标准化产品的创作路线。

最后，设计需要实践来完成，创作实践也需要准确识变，科学应变，主动求变，善于在危机中育先机，于变局中开新局。

杨　旭

过去 20 年，行业追求的更多是"规模""效率""产品"，而未来可能更需要科研、人才及学科本体工作上求生存和发展。首先，科技和研发应备受重视。无论是"双碳"，还是"数字智慧"，反映的是社会大分工下对"设计行业"的重新定位。其次，人才的吸纳、培养、延续已成为严峻挑战，"赚钱效应"的褪去导致优秀青年从高等教育阶段便出现断层、缺失。最后，繁华褪去，追本溯源开始显现其现实意义：回归对建筑学科的本质追问，重提对建筑本体的关注和思考，方有可能重拾行业信心和价值。

赵　强

面对"后疫情时代"的建筑设计市场，行业下行的趋势在所难免，增量市场逐渐向存量市场转变，建筑设计师也要有韧性，要摒弃急功近利、浮躁的心态，从市场的夹缝中寻找机会和突破点。在改革开放先行示范区的设计之都深圳，建筑师应当在城市更新和乡村振兴的维度上多学习、多思考、多积累。"绿色、低碳、数字化"是大趋势，建筑师要掌握最基本的相关技术，迎接新时代的挑战。建筑设计的"本土性、本源性、在地性"是体现文化自信的重要一环，建筑创作要从地域、文脉、文化的属性入手，发挥建筑师的主观能动性，主动做出与时代相对应的创作。

赵　星

我所理解的"韧性生存"，并不特指当下经济困境下的生存。人不过是"一根能思想的苇草"，局限性和脆弱性是显而易见的，存在于每一个当下。我们对此保持清醒的认知和坦然面对的态度，就是在每一个当下实现"韧性生存"。

创作这一行为，从从无到有的孕育到对完美目标的不懈追求，本身就是充满韧性的，再加上建筑不可避免的社会性和技术复杂性，应该说一个合格的建筑创作者从来都不缺乏韧性。

如果说，我们因为经济困境而开始思考"韧性生存"下的建筑创作，那既是悲哀也是庆幸！悲哀的是，我们可能已沉溺于建筑创作的狂欢太久而脱离了其本质和责任，冒进、浮躁已泛滥成灾！庆幸的是，也许我们有机会沉静下来，去伪存真，回归本质。

陈日飙

我理解的韧性是应对不确定性的，在当下，不确定性是常态，无常即恒常。任何行业都有周期，成熟后就会衰退，但是，现在的勘察设计行业是否已进入了衰退期？我认为倒未必，更可能是进入了下半场，或者是一种回归。我相信，不管在什么周期，我们行业都会有具备韧性和倔强特质的优秀企业，能努力拼搏，顺势而为，持续地活下去。

我们建筑师应对"不确定性"有着职业训练出来的非凡经验，因为当我们拿到一个项目的任务书时，会面对来自甲方、政府、使用者的各种诉求，确实有着诸多的不确定性，而最终我们凭借我们的设计和各种有效的应对办法，保证了项目能完成。

未来，我们要认识行业转折期的机遇和挑战。秉持初心与勇气，即使面对不确定的未来，我们还是有极大的机会活下来，并突围成功的！

图48 与会专家合影

建筑依然清新
——一场非凡的共享现场体验

《建筑评论》编辑部

2014 年 5 月 8 日，全国工程勘察设计大师黄星元主持设计的信华信（国际）软件园（简称"信华信"）入驻运营。2017 年，黄星元大师所著《清新的建筑》（天津大学出版社）一书出版。项目与图书均在行业内产生积极影响，它们把简洁、轻盈、绿色、诚实的建筑作品呈现给业界与社会，表达了一位建筑师从容专注的设计态度及学术追求，展现了建筑师以匠人精神服务社会，以创新精神繁荣建筑艺术的坚守。

黄星元大师在中国电子工程设计院从事建筑设计 50 多年，与改革开放时代并肩同行，完成工程项目 100 余项，既有丰富的设计实践，又有对建筑创作的理性总结和不懈探索。2024 年 6 月 19 日，中国文物学会 20 世纪建筑遗产委员会、中国电子工程设计院股份有限公司等单位，在大连联合举办了一场别开生面的学术研讨会，主题为"《清新的建筑》共享现场体验暨学术研讨会"，此次会议是对"信华信"进行的一次深度后评估。

金　磊（中国文物学会 20 世纪建筑遗产委员会副会长、秘书长，中国建筑学会建筑评论学术委员会副理事长）

黄星元大师在主旨发言中，回顾了与业主近 40 年的合作历程，从 1986 年首次中标项目到 2014 年"信华信"的建成，他总结了建筑设计的理念与实践。他提到，建筑应嵌入自然，与环境和谐共生，强调功能的集约与对细

图 49　黄星元大师在会中做主旨演讲

节的精心把握（见图 49）。今天研讨会的举办，是对项目的后评估，也是对其设计理念和实施能力的深刻验证，足以证明技术设计与阅读文化可以"彼此成就"。研讨会围绕"读书·品建筑创作"的体验展开，不仅见物、见书、见匠心，也见人、见事、见精神。相信每位赴"信华信"项目之约的专家，在赏析"清新"设计品质的同时，也受到了整体性理念设计价值的引领。黄大师为"中国好建筑"设计的当代遗产创作树立了典范，"信华信"项目无疑是践行"适用、经济、绿色、美观"新建筑方针的佳作。

刘　军（信华信技术股份有限公司董事长）

"信华信"这个建筑在功能和使用方面几乎无可挑剔，这得益于黄大师的专业素养、敬业精神及严谨的工作态度。他对这个行业和企业进行了充分调研，特别关注客户的真实需求，以及甲乙双方间的融洽交流。此前，我们与黄大师先后合作完成了两个项目，包括 1992 年的大连信息中心和 1999年的大连华信软件大厦。相比建造一个公共建筑或者写字楼，根据客户特定需求设计的科技园区建筑更为复杂，而黄大师的作品高度实现了我们对建筑本身的期望。目前，建筑内还包含很多公共空间，我们计划未来将其改造成展览区、灵活办公区与拓展空间，这也要求建筑师不仅要考虑当前的需求，还要兼顾未来的实用性。黄大师的作品正是这种前瞻性设计的典范，充分体现了他的卓越才华和对客户需求的深刻把控。

今天，我们再次见证了一位杰出职业建筑师的卓越成就，尤其是在与业主的良好配合下，他打造出高完成度的作品。事实上，在建筑师的职业生涯中，甲乙双方能够保持长期稳定且持续的合作实属难得，这背后必然有其内在原因。这体现了业主对建筑师创作工作的尊重与理解。

庄惟敏（中国工程院院士、全国工程勘察设计大师、清华大学建筑设计研究院首席总建筑师）

正如黄大师在《清新的建筑》前言中所言，"信华信"是一个简约雅致、充满活力且具有持续生命力的作品。那么，什么样的建筑才能称为好建筑？我认为，能否经受住时间的考验，并在长期使用和运行过程中不断改进和完善，这是衡量百年建筑的关键。2014年，中国建筑科学研究院进行了一项关于建筑拆除政策的研究，其结果显示，改革开放以来的建筑平均寿命不到40年，其中81%以上的建筑并非因质量问题被拆除，而是由于材料选择不当以及建筑与使用者的融合度不高，这些问题大大缩短了建筑的使用寿命。尽管"信华信"是一个运行近10年的新园区，但若没有1986年黄大师参与投标并中标第一期项目，并持续总结经验进行提升，也不会有今天这样的成果。

杨光明（中国电子工程设计院股份有限公司总工程师）

中国电子工程设计院是为满足新中国的建设需求应运而生的，成为新中国电子工业发展的推动者和见证者。在建筑领域，以黄星元大师为代表的前辈建筑师，带领电子院的中青年建筑师，坚持守正创新，勇于探索，创作出了大批特色鲜明的工业和民用建筑作品。黄大师自1963年从清华大学毕业后，被分配到电子院工作，60多年来在工业建筑和民用建筑领域的发展中做出了卓越贡献。他对建筑事业孜孜不倦的追求，奠定了电子院在建筑创作领域的独特风格。

黄星元（全国工程勘察设计大师、中国电子工程设计院顾问总建筑师）

与业主一路走过 30 年的建筑之缘。30 年来，在历经 20 世纪 80 年代、90 年代和 21 世纪初三个重要时间点的发展变迁之中，我有幸连续完成了三个不同历史时期办公楼的规划和建筑设计，规模由小到大，功能由简到繁，都已相继投入使用。关于"信华信"项目，我总结了以下几个特点：

山地建筑——场所的嵌入。建设场地位于大连旅顺南路北侧，建筑群沿等高线拉开，嵌入山腰，主体建筑坐北朝南，呈阶梯式后退，经由城市道路穿越 S 形弯道盘山而上，至高差达 20 米的主入口广场平台，部分建筑空间嵌入山体之中。

集约和联体——用建筑艺术解决问题。本项目实现了功能的集约，即以软件开发为功能定位。项目采用 9 米 ×9 米双向网格作为结构柱网（局部可调整为 18 米 ×18 米），成为建筑空间的基本划分单元。平面设计采用的是布局紧凑的一体化方案，空间划分与柱网协调一致，适应开放组合的弹性变化。

建筑从细节开始——建筑艺术是建造的艺术。对建筑细节和材料的精心把握至关重要，色彩、质感、触摸的感觉，实际是建筑固有的存在方式，它们会引导人们理解建筑整体，激发无限的想象力，预示着材料美学的时代。项目中的帷幕墙细节设计成为创意的重点，节点设计上把采光与通风功能分离，把外围护结构体系分化为采光窗与不透明的通风窗两部分。

全方位景观——场所和建筑的融合。本建筑所处地块群山环绕，由室内向外望去，每个方向都有借景，漫山绿色扑面而来，自然景观无须过多修饰。我们紧靠建筑周边，依山就势设置阶梯式庭院，绿化与道路广场结合，形成步道相连的优雅环境。

人、建筑和自然的共生。项目在建筑朝向、空间形式、维护结构和通风口设置等方面以被动式技术为主，主动式技术为辅，实现了建筑节能，并提供了舒适的工作环境。

清新的建筑。大连这座滨海城市，有着白浪、蓝天、起伏山丘间的海风，给人清新的城市感觉。在设计中，我们针对总部大楼现代化功能需求，尝试将"清新的建筑"理念融入项目，使项目充满活力且积极向上。"清新的建筑"是什么？重要的是人的直接感

图 50 大连信华信（国际）软件园

觉和体验。建筑师要进行细致的思考，要对现场进行考察，看到建筑和环境的关系，并思考把建筑嵌入其中（见图 50）。

用几个关键词来总结"清新的建筑"，即清新——远离烦琐形式，表现出简雅无华；有序——空间的连续性，结构的逻辑性，贯穿始终的功能性；融合——融入时代，融入环境，融入人文精神。

梅洪元（中国工程院院士、全国工程勘察设计大师）

在中国当代建筑学界和业界，黄大师是屹立在高峰的大师级人物之一。谈及黄大师对"清新"二字的理解，我的体会是："清"代表了他目标明确、逻辑严谨、理性充沛的创作思想和理念，他对于建筑创作的生成逻辑和规划具有清晰的认识和精准的表达。而"新"则体现了他在时间维度上持续充满生命力的创作态度。他在做人、做事、做专业方面始终保持着活力和创新精神，从他的作品中展现出的生命力和影响力也可见一斑。

张　宇（全国工程勘察设计大师、北京市建筑设计研究院股份有限公司总建筑师）

"信华信"的设计不仅追求简洁和环保的理念，而且在细节处理上展现

了建筑师对空间、光线和材料的深刻理解和精准把握，在创作过程中巧妙地平衡了功能性需求和美学需求，并探讨了绿色建筑未来的发展趋势。我尤其认为黄大师的作品有榜样的力量，对建筑师以及青年学子起到了良好的引领作用。此次活动让我深刻感受到了与建筑同人亲临建筑现场、共享这一独特体验的意义。

陈 雄（全国工程勘察设计大师、广东省建筑设计研究院总建筑师）

"信华信"项目的成功之处在于注重人在空间中的生产和活动模式，特别是在工作时间内的运用。这个大型工业园区在建筑细节方面处理得当，入口设计高度统一，强化了整体感和秩序感，营造出开放、友好的氛围。常态下的建筑立面采用经典的幕墙设计，既典雅大方又兼具实用性。这些设计理念和细节处理共同提升了"信华信"项目对于建筑美学和功能性方面的理念与追求，为使用者提供了舒适且功能完备的空间，作为体验者，我深感钦佩且印象深刻。

桂学文（全国工程勘察设计大师、中南建筑设计院股份有限公司首席总建筑师）

过去的工业建筑以清晰、得体的形象为人熟知。然而，新信息的涌现推动了这一形象的变革。工业建筑展现了建筑师对事物的深刻洞察力，通过持续的探索与设计实践，塑造了其独特的价值。"信华信"项目不仅实现了建筑的高效率和高密度化，还展现了设计者与建设方的共同努力，同时也为行业发展呈现了可持续性发展等因素的影响。这种综合性的努力和思考，为现代工业建筑与大型综合园区注入了新的设计活力与智慧，以适应不断变化的社会需求和技术进步。

汪 恒（中国建筑设计研究院有限公司总建筑师）

黄大师的作品一贯以清晰、有序且融合的设计理念著称，在国家强调"新质生产力"的背景下，这个完整的项目设计显得尤为重要。黄大师在设计空间时注重连续性和结构逻辑性，将建筑融入时代背景和自然环境中，体现了人文关怀。这一理念不仅满足了功能需求，更提升了建筑的艺术价值和生活品质，为大连这座现代城市建设提供了宝贵的设计经验。

郭卫兵（河北建筑设计研究院有限公司董事长、总建筑师）

黄大师详尽地阐述了"清新"建筑的创作路径，并通过生动的实例予以具体说明。他强调，建筑设计应始终秉承真诚态度，特别提到建筑学习者应从前辈建筑师身上学习"松弛感"。这种松弛感与实践经验相结合，为建筑学界注入了新的信心与动力。"信华信"项目在落成后的十年间经过多次检验，几乎无瑕疵，展现出了高水准的设计和施工质量。这种持续审视与学习的态度，正是推动建筑设计不断进步的重要因素之一。

蔡　军（大连理工大学建筑与艺术学院院长）

清新的建筑，"清新"一词让人首先想到的是清新的空气。清新的空气，是人在呼吸时的感觉，可称之为吐纳。这栋建筑巧妙地运用建筑幕墙的三角式开窗方式，实现了优雅的室内外空气交换，而传统的开启式幕墙在开窗换气时似犬喘气，这是室内外空气流通的呼吸吐纳关系。通过建筑的造型设计与虚实空间的处理，实现了景观和情境与周边环境的契合，衔远山而吞近景，这是景观与意境的呼吸吐纳关系。通过巧妙的地形处理和交通组织，实现建筑与交通的有机组合，这是建筑与城市之间的呼吸吐纳关系。黄星元大师的清新，与追求生活静美的诗人的特质相合。

王振军（中国电子工程设计院股份有限公司集团总建筑师）

作为职业建筑师，与客户保持良好的互动和黏性至关重要。黄大师所服务的甲方展现出了对他的充分信任，这种有效沟通的能力是每位建筑师需要精心培养的。谈及该园区的韧性时，黄大师在建筑创作中始终坚持合理的设计，并将人的因素与环境协调有机融合。他在讨论方案时常用的"夹生""不交圈"等表达方式,彰显了他对设计的执着追求。黄大师以循循善诱的方式,通过图像和绘图来引导年轻建筑师,而非单纯的说教,他的言传身教使后辈建筑师受益匪浅。在学术观点上,黄大师反对"极端的个人主义"和"为了当代而当代"的理念,其设计著作如《清新的建筑》凝练了深邃的内涵,确实值得进一步挖掘。

何　山(中国建筑学会工业建筑分会秘书长、中国中元国际工程有限公司总建筑师)

黄大师以坚定的信念和卓越的领导力,在工业建筑领域展现出了非凡的影响力。他不仅鼓励年轻建筑师在设计和技术创新方面勇于探索,还通过自己的实践作品积极响应市场需求,引领行业不断前行。黄大师注重建筑材料的选择和设计理念的创新,同时强调文化的融合和环境的保护。他对大尺度工业建筑的规划和发展起到了重要的推动作用,并在工业技术创新和质量管理方面做出了具有里程碑意义的贡献。

李兴钢(中国工程院院士、全国工程勘察设计大师、中国建筑设计研究院有限公司总建筑师)

黄大师手绘草图的精妙之处在于不是直接描绘房屋,而是勾勒周围环境,特别是利用山势巧妙地将建筑托出。幕墙的反射效果不仅凸显了山海景观,也与后期设计紧密呼应。道路设计采用 S 形以处理山地的高差,加之架空的散场、结构的转换等等,都蕴含着极其精准的设计意图,让建筑"定居"在山体之中,体现出黄大师"清新的建筑"这一设计理念和风格,追求清澈、清明、典雅。

其实"清新"不仅适用于工业建筑,其背后更蕴含着"清心"和"轻心"。工业建筑有非常严苛的工艺要求,这些边界条件锻造出建筑师的创作力,更磨砺出他们平和、成熟的创作心态,从而成就了黄大师作品的独特性。"清心"并不是清心寡欲,而是有真正的理念和价值观的追求。在此借用黄大师的老师关肇邺先生的建筑理念——重要的是得体，而不是豪华与新奇。黄大师的建筑理念强调清新，摒弃沉重、烦冗，这种信念贯穿了他长达 60 年的高品质作品设计，同时也为他带来健康的身体状态。他的清新风格不仅影响了年轻建筑师的成长，而且其作品能够保持良好的运维状态长达 10 年，这在当今是极为难得的成就。

胡　越（全国工程勘察设计大师、北京建筑大学教授）

一位艺术家曾言：齐白石 70 岁时画得最精彩，80 岁时最天真，90 岁以后的画像小孩的。黄大师同样如此。对于好建筑师而言，激情和活力不受年龄限制。我研究过建筑大师设计的家具，例如柯布西耶于 1928 年设计的 LC3 沙发和密斯·凡·德罗于 1929 年设计的巴塞罗那椅，这些作品百年不衰，并非易事。它们之所以百年不衰关键在于其设计思想贴合时代，捕捉到了时代进步的本质，而非简单的符号。黄大师的作品如"信华信"，十年如新，正是因为他捕捉到了时代本质和脉搏。思考建筑如何抵御时间变化，历久弥新。好建筑初建容易，保持难，需精心设计和使用者的珍视。

傅绍辉（中国航空规划建设发展有限公司总建筑师）

我和黄大师同为工业院体系的建筑师，我们的创作自由度和发挥空间确实受到一定程度的限制。随着工业化进程的推进，工业建筑与民用建筑逐渐"分道扬镳"，然而随着技术的不断发展，它们之间的界限也变得日益模糊。我曾参与多个工业建筑项目的设计，并提出了工业建筑综合体的概念，但一直未能找到合适的机会加以实践，而黄大师的项目则提供了一个绝佳的案例（见图 51）。对于数据通信企业而言，满足需求、关心员工福祉、尊重环境，以及应对工业化建筑系统的现状，都显得尤为重要。对于"清新"的理解，我认为工业建筑以秩序为基础，强调逻辑性和效率，这正是"清新"设计所要表达的核心理念。

图 51 大连信华信（国际）软件园

叶依谦（北京市建筑设计研究院股份有限公司执行总建筑师、中国建筑学会建筑师分会秘书长）

我作为民用建筑设计院的代表，也受过黄大师的教诲。实际上，建筑并不分工业和民用，因为民用建筑同样需要考虑各种工艺的要求。通过深入研究黄大师的作品，特别是改革开放后的作品，我发现黄大师设计的许多优秀工业建筑都成了典范。他的设计风格和理念始终如一，极具连贯性。无论是从最初的生产线到大连的一系列电子软件园，每个项目都展现出独特而清晰的理念。我曾与黄大师交流，探询为何要这样设计。此次实地参观时，我立刻理解了黄大师设计的初衷。之前我还思考门厅为何做这么宽？但亲临现场时，我才意识到这么大的人流量正需要这样宽敞的大堂来容纳。如果没有足够大且有独特体量感的空间，就无法有效承载这样大的人流。黄大师的设计极具理性，既解决了功能需求，又解决了实际问题，通过有条不紊的节点拆解，将每个问题都处理得井然有序。

祁　斌（清华大学建筑设计研究院有限公司总建筑师）

这次的体验让我回想起年轻时学习建筑的感受。我曾在日本发现，他们的效果图、数据和照片整理得非常好，而实际建筑比照片呈现的还要出色。黄大师的作品也是如此，超越了书中展示的照片。今天我们拾阶而上，在这个巨大的空间中，感受到了建筑在平和的外表下展现出的坚定立场，这令我深受感动。

观察建筑师的作品，能够窥见设计师本人的状态。黄大师平和、平静的外表下，蕴含着不凡的设计追求。这提醒我们，在需要发力的时候，建筑师要有坚定的信念。黄大师的精细设计在今天看来依然非常先进，他将建筑功能完美地融入设计中。其中最让我有感触的是采光和通风分离的单元式幕墙设计，这种设计能确保建筑外观的整体统一和自然通风调节的便利，展现了极高的设计巧思，而非单纯"炫技"。

崔　岩（大连市建筑设计研究院有限公司总建筑师）

黄大师与大连市有着深厚的渊源。从早年的华录、大连信息中心，再到"信华信"，一系列作品深刻地影响了城市的风貌，为大连的设计注入了清新之风。黄大师的草图将建筑巧妙地融入大连这个山海之地。起初，这片用地位于半山腰的台地上，设计难度很大，但在开发商和管委会领导的支持下，项目得以顺利推进，最终呈现出这座逻辑性极强的建筑。黄大师在面对巨大的压力时，依然选择了纯粹的材料和设计手法，这让我深感钦佩。过去10年，我们也进行了相关研究，尤其是在2011年前后，中国的理论界开始反思是否需要绿色建筑。而在2014年，黄大师已经通过实际操作给出了答案：依靠设计本身，创造对空间有更强适应性的作品。

路晓东（大连理工大学建筑与艺术学院副院长）

今天是我第一次参观"信华信"。每次从旅顺南路经过，我都会感受到这座建筑的不凡气质。通过一些合作，我深感无论是在设计还是管理层面，"信华信"都更加注重对人性的关怀。很多细节都经过了充分的考虑，这不仅是设计师追求的体现，也得益于甲方的用心，从人性出发，使建筑更加适合使用。我认为，无论未来建筑行业如何变化，我们都应该坚持设计的初心。尽管现在行业发展放缓，但作为教师，我们依然要继续培养人才。建议每年让学生实地参观，感受黄大师这种简洁、优雅回归主流的设计风格。

张鹏举（全国工程勘察设计大师、内蒙古工业大学建筑学院院长）

一是策略层面，就"信华信"项目而言，它表现在对清新环境的尊重，并适配了新一代使用者的身份定位，这是我们能看到的表层。

二是价值观层面，抛开某个单项，看黄大师的所有作品，都是从"真"开始（如"信华信"外部交通的巧妙设计、外幕墙的匠心等），并表达了"善"意（如"信华信"的内连廊和外檐廊等）。而"真"的开始和"善"的表达，使得"美"的呈现水到渠成。这种美不刻意，却持久，不仅是视觉上的享受，更是体验上的愉悦，更为重要的是，它不带任何风格和语言的包袱，故而是清新的。这是建筑师真诚的设计态度的体现。

叶　扬（《世界建筑》执行主编）

几年前，我们请黄大师为工业建筑专辑撰稿，他还推荐了许多优秀的工业建筑师。尽管面临疫情等种种困难，我们最终成功完成了组稿。在此后深入调研工业建筑区的过程中，我们不断开阔视野，认识到这些建筑对城市的重要性，它们不仅构成了产业园区，还带动了整个片区的发展。黄大师提出的"清新"的建筑理念将工业建筑与自然环境融合，带来了理想的审美体验和舒适感。这是来自媒体观察者的分析。

张　勃（北方工业大学建筑与艺术学院党委书记、院长）

通过走进"清新的建筑"以及阅读《清新的建筑》一书，我悟到高校与创作一线的建筑师合作会有收获。通过持续的总结、协作，我们可以整合丰富的建筑理念，进而形成系统化的设计教育体系。因此，我特别珍视进行这种实践性的尝试，向一线建筑师学习并总结经验，通过撰写论文等多种形式，促进理论交流与提升，促进建筑教育的发展及学术界扎实成果的积累。

张路峰（中国科学院大学教授）

从这个作品来看，"清新的建筑"其实就是现代建筑。黄总是坚定的现代主义者，从总体到细节，他都坚持用建筑本体语言认真应对设计中诸如场地环境、功能流线、采光通风、安全经济等基本问题，呈现出来的结果是清新的形象、健康的空间。他没有文化包袱，没有创新焦虑，对品质有要求，对甲方负责任，不为潮流所动，不被理论束缚，不迎合大众媒体，以60年的专业实践，示范了一位职业建筑师应有的操守。

这个作品的出现对现实构成了一定的批判性。从建筑学专业角度来看，该建筑无特别之处，但在当代中国的语境下，特别是在大连这个欧风盛行的城市背景中，它就成了"非常建筑"。它的批判性所针对的是那些以文化概念为主导、不顾基本合理性的个人主义表达，以及那些以数字技术为噱头、不计代价的形式主义倾向。在"清新的建筑"面前，那些建筑无论多么炫酷，都显得不够健康。

这个作品对建筑教育也有所启示。当下建筑学专业不再如往日那般风光，招生与就业纷纷遇冷，有些办学机构因此对专业失去了信心，开始降门槛或转阵地以求自救。"清新的建筑"提醒我们，好建筑是令人愉悦的，建筑学是有魅力的、设计是有力量的，而社会对建筑师是有需求的，但这种需求对我们的专业水平提出了更高的要求，建筑教育已到该反思的时刻了。

郎　亮（大连理工大学建筑与艺术学院建筑系主任）

黄星元大师的建筑作品确实令人震撼，与那些盲目追随时尚潮流的设计不同。他专注于揭示建筑设计的本质和核心，将责任感融入每一个创作细节；他强调功能性和逻辑性的设计，而非过度依赖华丽概念或夸张装饰；他真正关注建筑本身的实用性和应用价值。在大连，黄大师提出的"清新的建筑"理念，不仅超越了地方风格与传统，更为建筑学人带来了设计的学习榜样。

刘　力（全国工程勘察设计大师、北京市建筑设计研究院股份有限公司顾问总建筑师）

2017年时，我就关注到黄星元的"信华信"项目，其风格堪称"清新的建筑"典范。"清新的建筑"理念强调与自然的融合，广泛采用自然材料，并通过绿色植物的点缀，营造出一种回归自然的感觉。从这个项目可以看出，他以纯粹的建筑语言，诗意地表达了建筑设计的理念，进而产生了独特的建筑效果。"信华信"项目没有繁复的装饰材料和复杂的装修手段，也没有与结构、设备和功能无关的装饰，而是通过高度精练的建筑语言进行了完整诠释。这种简约而不简单的设计，不仅展示了黄星元大师对建筑本质的深刻理解，更是对自然和人居环境的深情礼赞。我有以下几个方面的总结：

第一，这是一个精品建筑。关肇邺院士曾借用《画论》的分级法来谈建筑，将建筑分为四等：产品、作品、精品、神品。精品是个精致的东西，它是神品的前提。按照关肇邺先生的评价，精品就是"眼前一亮，耳目一新"这八个字。这个建筑是国内领先、世界一流的建筑，它有引导性和导向性。其建筑特点是什么？首先，它是国内为数不多的用建筑语言诗意地表达建筑美的设计。建筑师的功力、修养、履历都值得推崇。其次是建筑的优雅轻盈和真诚。对于"清新"，我的理解是干净、诚实、简约、有特色。历年评审其他项目时，我一向反对堆砌的设计手法。

第二，"清新"是既要干净也要有细部。细节是生命，每一个细部都有其功能，并且跟结构密切相关，我们能从中找出美感。这个建筑的幕墙是一种创新，它在立面上形成了简单的竖线条，而在平面上巧妙地布置了三角形的开扇方式。这种设计不仅给幕墙的构造提供了可能性，还在节能环保上起了作用。由此可见，建筑的细部是有功能和结构支撑的，不能随心所欲。

第三，"清新"是与环境的契合。对于环境与建筑的关系，实际上中国人讲的是一种拓扑的关系，是建筑与环境我中有你的平等关系。这个建筑选址在半山腰，如果选在山顶上就失去了山的韵味。大家都知道卞之琳的《断章》，其中有"明月装饰了你的窗子，你装饰了别人的梦"一句，套用在这个建筑上，就是"环境装饰了我的建筑"。